高等职业院校基于工作过程项目式系列教材
企业级卓越人才培养解决方案“十三五”规划教材

数据可视化项目实战

（第2版）

天津滨海迅腾科技集团有限公司　编著

图书在版编目(CIP)数据

数据可视化项目实战（第2版）/ 天津滨海迅腾科技集团有限公司编著. — 天津：天津大学出版社, 2020.1（2025.2重印）

高等职业院校基于工作过程项目式系列教材　企业级卓越人才培养解决方案“十三五”规划教材

ISBN 978-7-5618-6621-4

Ⅰ. ①数… Ⅱ. ①天… Ⅲ. ①可视化软件－高等职业教育－教材 Ⅳ. ①TP31

中国版本图书馆CIP数据核字(2020)第021619号

SHUJU KESHIHUA XIANGMU SHIZHAN

出版发行　天津大学出版社
地　　址　天津市卫津路92号天津大学内(邮编:300072)
电　　话　发行部:022-27403647
网　　址　www.tjupress.com.cn
印　　刷　廊坊市海涛印刷有限公司
经　　销　全国各地新华书店
开　　本　185mm×260mm
印　　张　15
字　　数　362千
版　　次　2020年1月第1版　2024年6月第2版
印　　次　2025年2月第5次
定　　价　59.00元

高等职业院校基于工作过程项目式系列教材
企业级卓越人才培养解决方案“十三五”规划教材
指导专家

基于工作过程项目式教程
《数据可视化项目实战》

主　编　王新强　李国燕

副主编　杨　峰　陈　宁　张　娜　杨彦聪

前　言

随着大数据时代的到来，信息增多，多元化数据涌现。大数据给生活、经济、发展等带来了机遇和挑战。海量复杂的数据只有得到合理的利用，并且为企业的业务发展提供帮助，才能够发挥其价值。数据可视化技术正是探索和理解大数据的最有效的途径之一。将数据转化为视觉图像，能帮助我们发现和理解其中隐藏的模式或规律。大数据可视化能够处理庞大的数据，表现多维数据之间的关联，帮助我们理解各种各样的数据集合。

大数据可视化是一门理论性和实践性相互结合的技术。本书主要包含八个项目，即智慧工厂服务中心大屏、基于 Tableau 实现智慧工厂首页模块、基于 Tableau 实现智慧工厂电量管理模块、基于 ECharts 实现智慧工厂运行检测模块、基于 ECharts 实现智慧工厂负荷响应模块、基于 pyecharts 实现智慧工厂预警管理模块、基于 pyecharts 实现智慧工厂能耗管理模块、基于 pyecharts 实现智慧工厂设备管理模块，系统、全面地介绍了关于大数据可视化的基本知识和技能。

本书通过学习目标、学习路径、任务描述、任务技能、任务实施、任务总结、英语角和任务习题八个模块讲解相应的知识。其中，学习目标和学习路径对本项目包含的知识点进行简述；任务实施模块对本项目中的案例进行了步骤化的讲解；任务总结模块作为最后陈述，对使用的技术和注意事项进行了总结；英语角解释了本项目中专业术语的含义，帮助学生全面掌握所讲内容。

本书由王新强、李国燕共同担任主编，杨峰、陈宁、张娜、杨彦聪担任副主编，王新强、李国燕负责整书编排，项目一和项目二由杨峰负责编写，项目三和项目四由陈宁负责编写，项目五和项目六由张娜负责编写，项目七和项目八由杨彦聪负责编写。

本书理论内容简明、扼要，实例操作讲解细致、步骤清晰，实现了理实结合，操作步骤后有对应的效果图，便于读者直观、清晰地看到操作效果，牢记书中的操作步骤。希望本书能对读者学习大数据可视化的相关知识有所帮助。

天津滨海迅腾科技集团有限公司
技术研发部
2019 年 10 月

目　　录

项目一　智慧工厂服务中心大屏

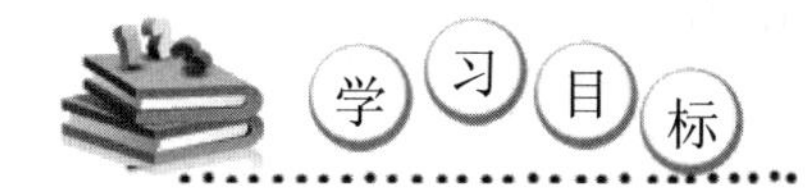

通过实现智慧工厂服务中心大屏，了解数据可视化的发展历史，学习数据可视化的应用场景，掌握主流数据可视化软件的使用，具有安装和使用可视化工具的能力。在任务实施过程中：

- 了解数据可视化的基本知识；
- 学习可视化工具的优缺点；
- 掌握主流数据可视化软件的使用；
- 具有安装和使用可视化工具的能力。

课程思政

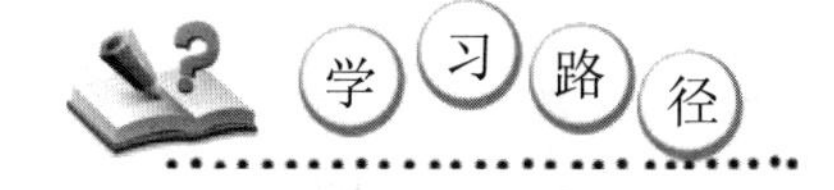

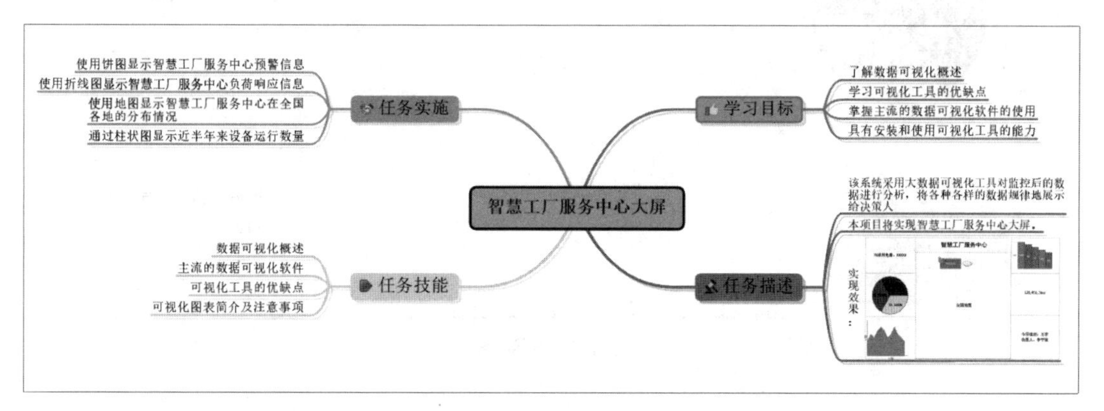

【情境导入】

随着大数据时代的来临，越来越多的工业企业对数据分析越来越重视。某企业通过“智慧工厂能源管理系统”对厂内数据进行展示、分析。该系统采用大数据可视化工具对监控到的数据进行分析，将各种各样的数据展示给用户。大数据可视化技术能将数据中蕴含的价值快速、全面地呈现出来，这对工业企业来说是非常重要的。本项目使用“大屏”实现智慧工厂对各工厂服务数据的分析与展示。

【功能描述】

本项目将实现智慧工厂服务中心大屏。

- 使用饼图显示智慧工厂服务中心预警信息。
- 使用折线图显示智慧工厂服务中心负荷响应信息。
- 使用地图显示智慧工厂服务中心在全国各地的分布情况。
- 使用通过柱状图显示智慧工厂服务中心近半年来设备运行数量。

【基本框架】

基本框架如图 1-1 所示，通过本项目的学习，能将框架图 1-1 转换成智慧工厂服务中心大屏。

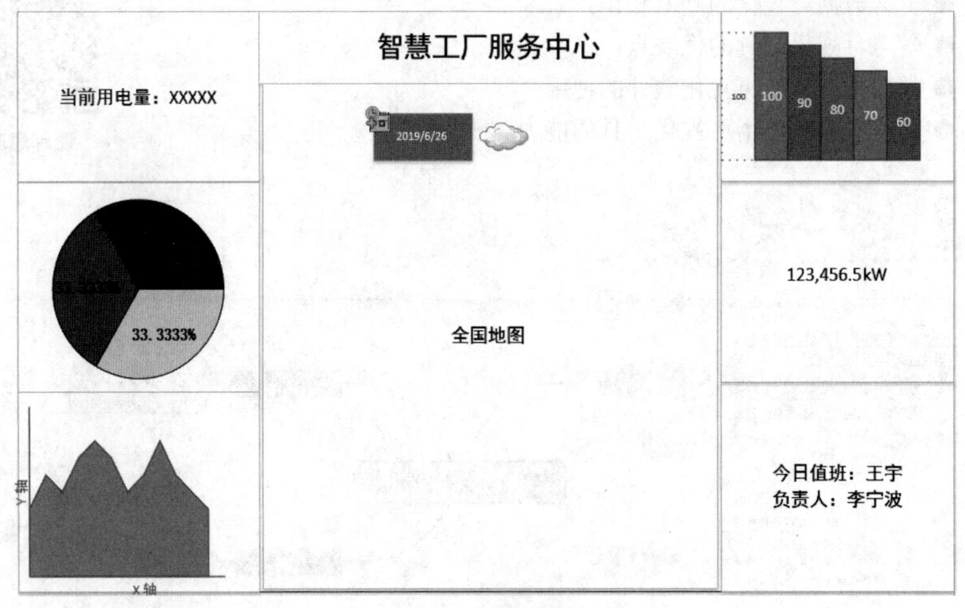

图 1-1 框架图

技能点一 数据可视化概述

1. 什么是数据可视化

数据可视化是将数据以视觉形式表现出来的数据研究。迄今为止，其涉及多个领域，如图像处理、计算机图形学、计算机辅助设计以及计算机视觉等领域，成为研究数据处理、决策分析等一系列问题的重要技术。简而言之，我们可以将数据可视化理解为通过计算机图形学和图像处理技术等将获取的数据转换成图表或图像等展现在屏幕上，并对其进行各种交互处理的理论、方法和技术。它的处理过程是将数据集中并以图形图像的形式展示，然后通过开发工具以及数据分析软件，处理数据各种关系。部分可视化图表如图 1-2 所示。

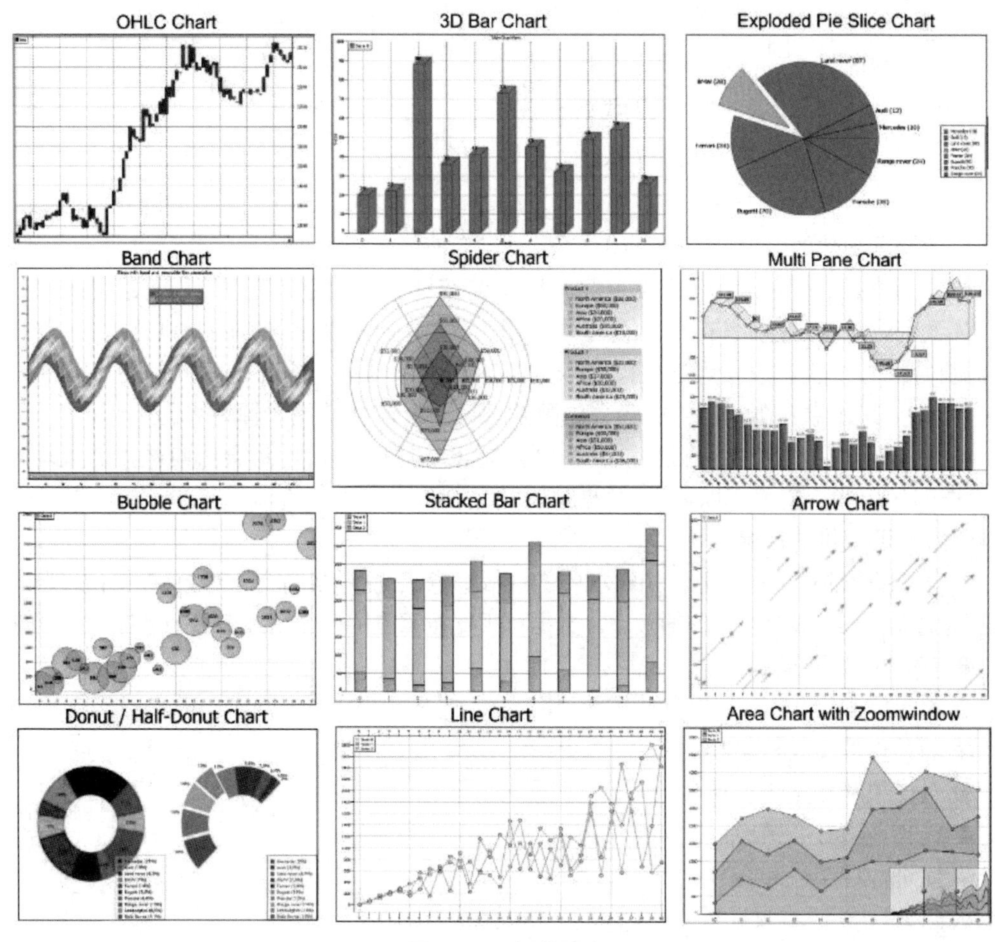

图 1-2　可视化图表

2. 数据可视化的发展历史

数据可视化的历史非常悠久，至今已有几百年的历史，最早的可视化并不是数据的可视化，而是一些图像和图形等。随着历史的变迁，人们逐渐以图表的形式展示数据，数据可视化才正式形成，表 1-1 为数据可视化的发展历史。

表 1-1　数据可视化的发展历史

时间	发展历程
17 世纪前	早期地图与图表
1600—1699 年	测量与理论

续表

时间	发展历程
1700—1799 年	新的图形形式
1800—1849 年	现代信息图形设计的开端
1850—1899 年	数据制图的黄金时期
1900—1949 年	现代休眠期
1950—1974 年	复苏期
1975—2011 年	动态交互式数据可视化
2012 至今	大数据时代

3. 数据可视化的价值

随着大数据时代的到来,各类企业对数据的统计分析也越来越重视,数据也越来越复杂。对于企业来说,数据只有得到合理的利用,并且为企业的业务发展提供帮助,才能体现其价值。目前,企业对数据可视化的需求也越来越大。数据可视化的功能被更多的企业所重视和应用,其让隐藏在背后的更多数据被发现、被阅读,使其能发挥更大的作用。

数据展现形式不能满足企业需求,不仅会降低数据的可读性,还会影响数据的处理时间等,数据的作用和价值就难以体现,数据可视化也会失去原本的价值。

4. 数据可视化的目标

数据可视化的目标在于分析出数据中的规律和意义,能够帮助企业对数据进行发现、分析等操作,提高员工完成企业业务的效率。数据可视化按照应用还可划分出多个目标,主要包括:

- 有效呈现重要特征;
- 揭示客观规律;
- 辅助理解事物概念和过程;
- 对模拟和测量进行质量监控;
- 提高科研开发效率;
- 促进沟通交流和合作。

从宏观的角度看,数据可视化具备三个功能:

- 信息记录;
- 信息推理和分析;
- 信息传播与协同。

5. 数据可视化的应用场景

数据可视化的应用场景有很多,其中数据可视化大屏是当前在各领域中使用最多的,具有效果炫酷、外观大气、信息展示全面等特点。在实践应用中,数据可视化大屏可分为三大类。

- 第一类:信息展示类,主要对各类监控数据进行展示。
- 第二类:数据分析类,主要对信息展示类中的每组数据进行分析,将分析后的结果展示给用户。

● 第三类：监控预警类，主要根据数据分析类中的数据分析结果对超过或低于预计值的监控设施进行预警或报警。

综合性数据一般都会采用大屏或者多屏展示，对于企业来说，数据的“监控采集”→“传输”→“存储”→“分析”等都是数据分析的基础工作，除了这些基础工作外，还应使用可视化工具将各类数据规律地展示给用户，数据才能参与最有效的决策过程。

只有通过可视化手段，才能将大量前期、底层工作中产生的数据当中蕴含的价值快速、全面地呈现出来，并突出亮点和重点。因此，数据可视化系统也常被用于向上级领导、来宾进行展示汇报。

除了大屏，很多企业也喜欢利用直观且灵活多样的图表展示、分析企业业务，为企业的高层决策提供支持。可视化图表效果如图 1-3 所示。

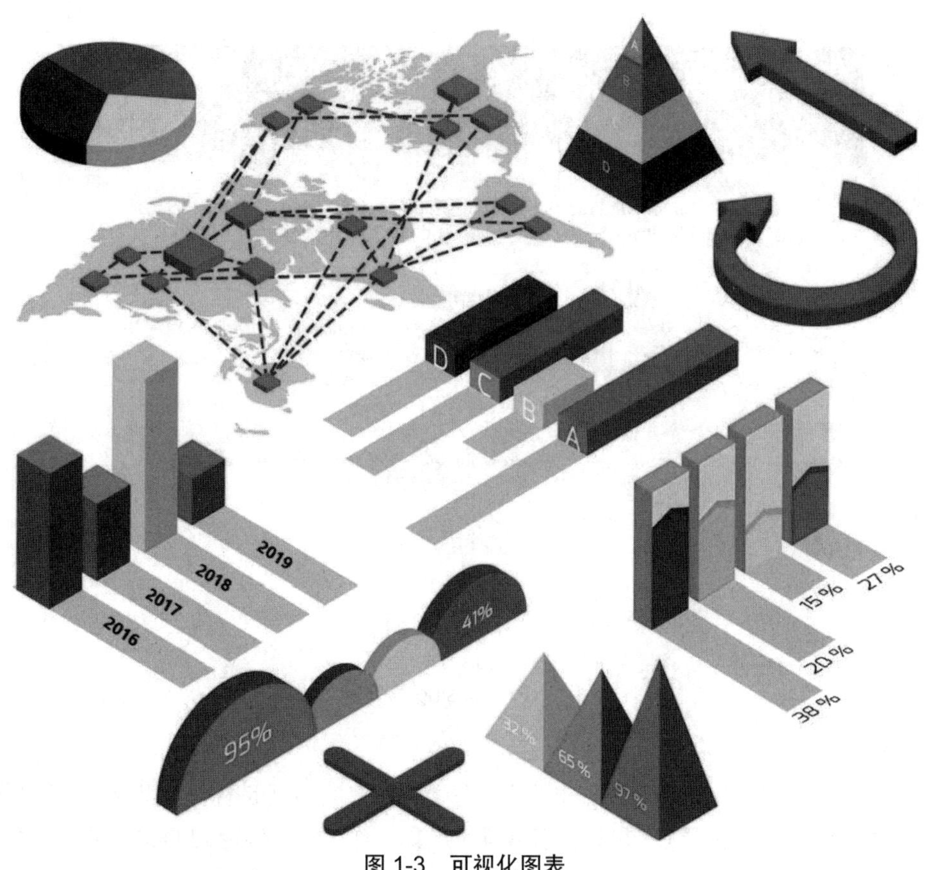

图 1-3　可视化图表

技能点二 主流的数据可视化软件

1.Processing

原始的 Processing 是计算机科学里面的一门编程语言，随着技术的不断更新，它逐渐演变成创建数据可视化的一种环境。其用 Java 语言编写，具有语言功能强大、接口简单、数据优质等特点，并且它还具备应用程序导出机制。迄今为止，Processing 已形成了一个专门的社区，构建各种库为用户进行数据可视化操作提供便利。Processing 官方网站如图 1-4 所示。

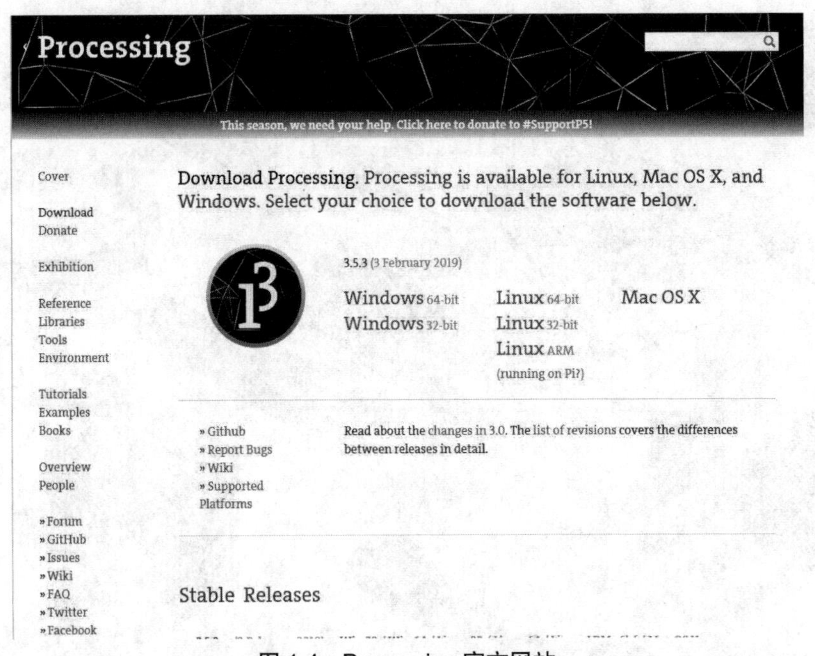

图 1-4 Processing 官方网站

2.D3.js

D3（数据驱动文档）是 JavaScript 的一个函数库，它的主要目标是实现数据可视化。其具有交互性和动态性，通过 D3 可以将任意数据（如一个数组）绑定到 DOM 层，然后将其转换成另外一种形式（如表格、图表等）显示出来。其具有数据能够绑定 DOM 层、代码简介、大量布局等优势。D3 官方示例如图 1-5 所示。

3.Echarts

Echarts 作为一个 JavaScript 图表库，具有直观、生动、简洁、可交互等特点，不仅可在 PC 端使用，在移动端也非常适用。Echarts 支持折线图（区域图）、柱状图、散点图（气泡图）、K 线图、饼图（环形图）、雷达图、和弦图、力导向布局图、地图、仪表盘、漏斗图、事件河流图等 12 类图表，同时提供标题、详情气泡、图例、值域、数据区域、时间轴、工具箱等 7 个可交互组件，支持多图表、组件的联动和混搭。Echarts 部分图表表名及描述如表 1-2 所示。

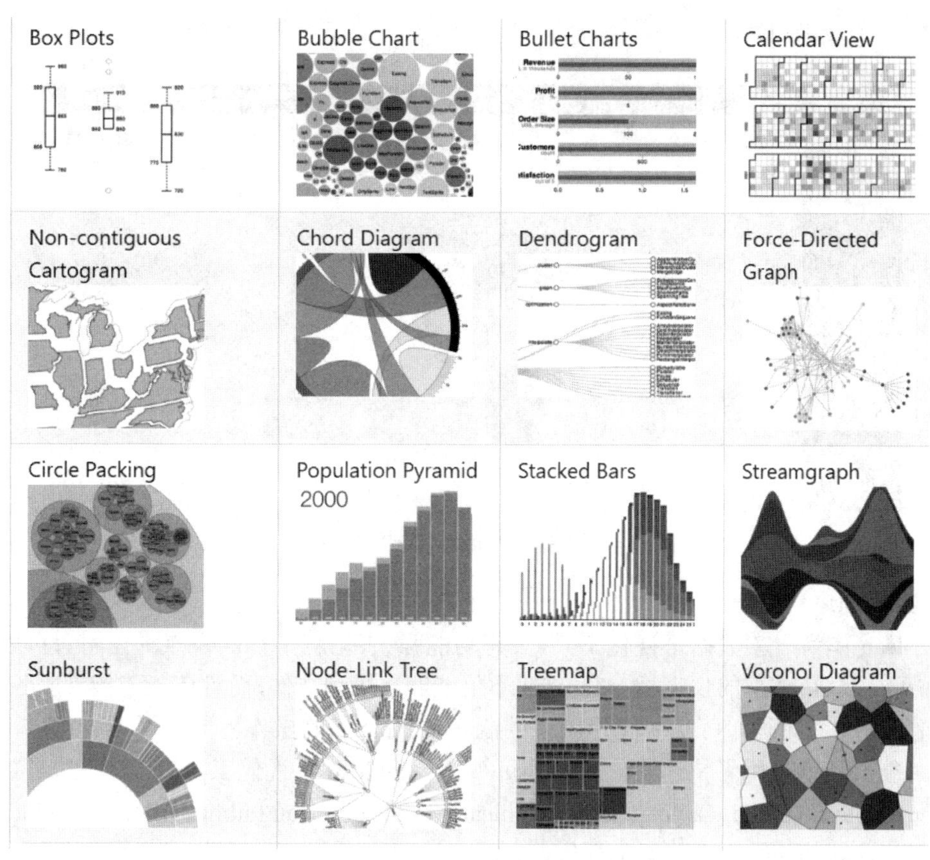

图 1-5　D3 官方示例

表 1-2　Echarts 图表表名及描述

表名	描述
line	折线图、堆积折线图、区域图、堆积区域图
bar	柱形图(纵向)、堆积柱形图、条形图(横向)、堆积条形图
scatter	散点图、气泡图。散点图至少需要横纵两个数据,更高维度数据加入时可以映射到颜色或大小,当映射到大小时则为气泡图
pie	饼图、圆环图。饼图支持两种(半径、面积)南丁格尔玫瑰图模式
radar	雷达图、填充雷达图,是高维度数据展现的常用图表
map	地图。内置世界地图,中国及其 34 个省级行政区地图数据,可通过标准 GeoJson 扩展地图类型。支持 svg 扩展类地图应用,如室内地图、运动场、物件构造等
heatmap	热力图。用于展现密度分布信息,支持与地图、百度地图插件联合使用
gauge	仪表盘。用于展现关键指标数据,常见于 BI 类系统
funnel	漏斗图。用于展现数据经过筛选、过滤等流程处理后发生的变化,常见于 BI 类系统
venn	韦恩图。用于展示集合以及它们的交集
tree	树图。用于展示树形数据结构各节点的层级关系
wordcloud	词云。词云是关键词的视觉化描述,用于汇总用户生成的标签或一个网站的文字内容

官方示例如图 1-6 所示。

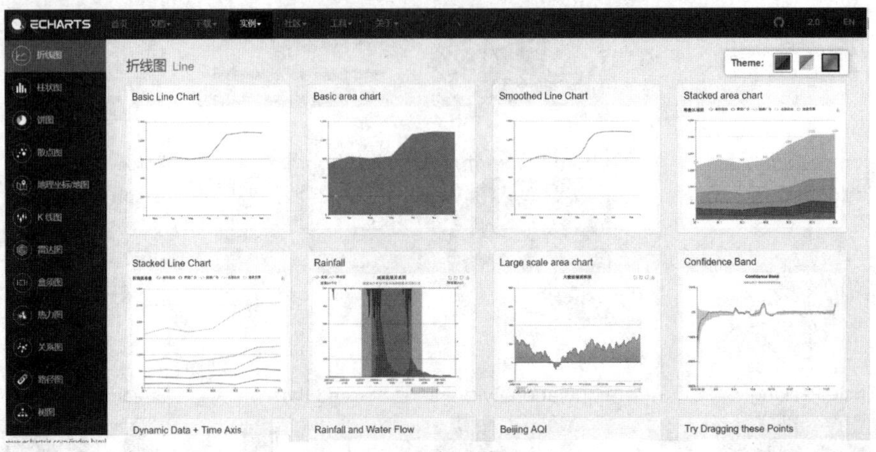

图 1-6 Echarts 官方示例

4.Tableau

Tableau 作为一款数据可视化工具，具有功能强大、见解丰富等特点。使用者可以创建和发布可交互、可共享的仪表板。Tableau 不仅能够连接到文件，而且还能连接到服务器等。使用者不用编写代码即可实现图形图表的制作。Tableau 的操作界面灵活，具有简单、易用等特点，能够帮助使用者快速实现数据的可视化。Tableau 可视化工具有多个版本：Tableau Desktop、Tableau Online、Tableau Server、Tableau Mobile、Tableau Public、Tableau Reader 等，本书使用 Tableau Public 实现数据可视化。

Tableau Public 是 Tableau 的免费版本，非常适合在 Web 上对数据进行分析。Tableau Public 可以连接数据并创建交互式数据，然后将其发布到 Tableau Public 提供的网站中，便于使用者对数据进行分析。Tableau Public 公共社区资源如图 1-7 所示。

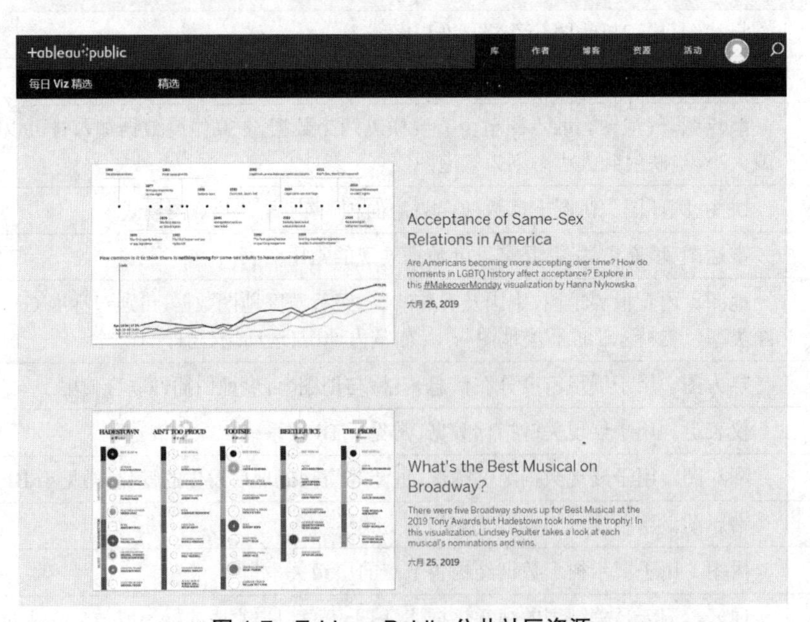

图 1-7 Tableau Public 公共社区资源

5.pyecharts

pyecharts 采用 Python 语言进行编写，是百度开发的一个数据可视化 JS 库，也可理解为是 Python 与 Echarts 的结合，pyecharts 可以生成 Echarts 图表，通常被用于数据处理。pyecharts 可以生成独立的网页，也可以在 flask、Django 中集成使用。pyecharts 官方示例图如图 1-8 所示。

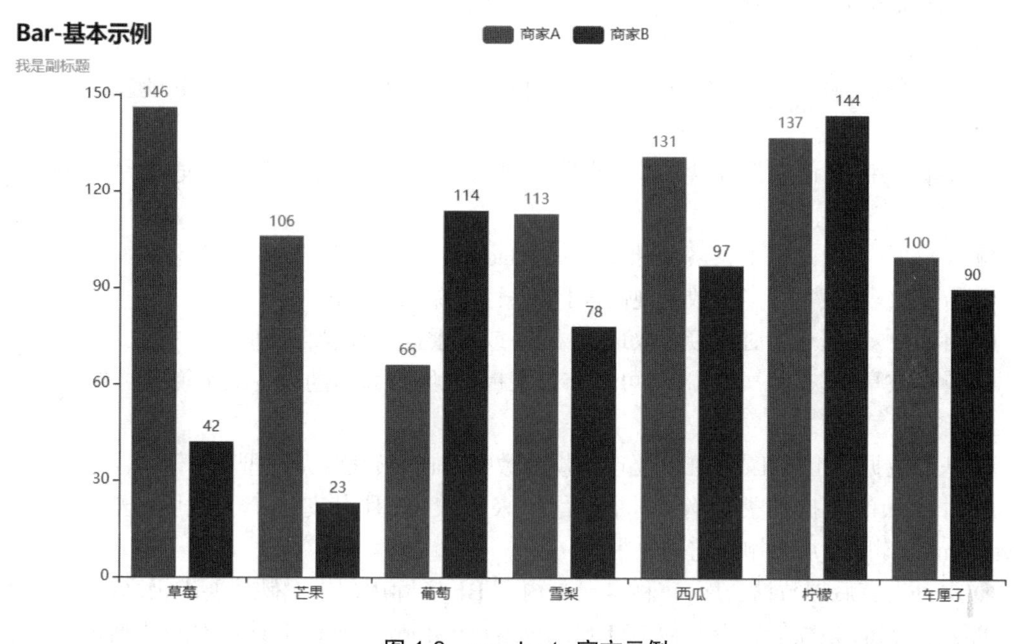

图 1-8　pyecharts 官方示例

提示：当对主流的数据可视化软件有一定了解后，你是否觉得还有其他数据可视化软件呢？扫描图中二维码，你将了解到关于数据可视化的更多知识。

技能点三　可视化工具的优缺点

随着大数据的应用范围不断扩大，在各种工作中产生的数据也变得日益繁杂。若数据不能为管理者有效利用、为决策提供依据或者数据展示模式复杂难懂，则会使管理者难以掌握重要信息和了解重要细节。如何选择一款适用的可视化工具，将数据通过可视化工具直观地展示出来，关系到企业重大决策的制定和发展方向的研判。下面我们将介绍实现数据可视化的几种方式的优缺点。

1.Tableau 优缺点

Tableau 可以离线使用数据且具有提取数据快等特点，便于用户随心所欲地探索数据规律。Tableau 可以连接本地或云端数据——无论是大数据、SQL 数据库、电子表格还是类似 Google Analytics 和 Salesforce 的云应用，无须编写代码，即可访问和合并离散数据。高级用户可以透视、拆分和管理元数据，实现数据源优化。用户通过 Tableau 可以更好地利用自己的数据。Tableau 具有如下优点和缺点。

（1）优点

● 快速分析：在数分钟内完成数据连接和可视化。Tableau 比现有的其他解决方案快 10~100 倍。

● 简单易用：任何人都可以通过直观明了地拖放产品分析数据来进行使用，无须编程即可深入分析。

● 大数据：无论是电子表格、数据库还是 Hadoop 和云服务都可以轻松探索。

● 智能仪表板：集合多个数据视图，可以进行更深入的分析。

● 自动更新：通过实时连接获取最新数据，或者根据日程表自动更新数据。

● 瞬时共享：只需数次点击，即可发布仪表板，在网络和移动设备上实现实时共享。

（2）缺点

● 基于数据查询的工具，难以处理不规范数据，难以转化复杂模型。

● 对输入的数据的类型有要求，运行起来比较慢，且只支持个人电脑，这也是很多 Newsroom（编辑者）后来抛弃它的原因。

● 本身没有后端数据仓库，宣称自己是内存 BI，实际用起来对硬件要求极高，对于超千万条的数据分析，必须借助于其他 ETL（Extract-Transform-Load）工具处理好数据再进行前端分析。

● 无法支持中国式复杂表样。

● 本地化服务差。

2.Echarts 优点

Echarts 兼容绝大部分浏览器，用户使用 Echarts 可以生成一个直观、生动、可交互、可高度个性化定制的数据可视化图表。Echarts 图表拥有多种优势，具体如下。

● 丰富的可视化类型：Echarts 提供了常规图形（折线图、柱状图、散点图、饼图、K 线图）；用于地理数据可视化的图形（地图、热力图、线图）；用于关系数据可视化的图形（关系图、treemap、旭日图）等。Echarts 支持图与图之间的混搭。

● 移动端优化：在移动端小屏上，用户用手指可以在坐标系中进行缩放、平移。PC 端也可以用鼠标在图中进行缩放（用鼠标滚轮）、平移等。

● 对多维度数据的支持：能够将不同维度的数据映射到颜色，大小，透明度，明暗度等不同的视觉通道。

● 绚丽的特效：Echarts 提供了吸引眼球的特效，尤其是针对线数据、点数据等地理数据。

● 强大的三维可视化效果：Echarts 提供了基于 WebGL 的 Echarts GL，可以绘制出三维的图形，例如：三维地球、柱状图等。

3.pyecharts 优缺点

pyecharts 最大的特点在于可以动态、交互地展示图表。pyecharts 可以更好地分析数据。其具有如下优缺点。

(1)优点

Python 中有很多绘图的库,诸如 matplotlib,seaborn,bokeh 等,但是 pyecharts 对于初学者来说则是一个很好的选择。它有开发使用的中文文档而且操作方法十分简单,为数据分析工作提供了许多便利。

(2)缺点

pyecharts 是一款偏结果表达的可视化库,在统计分析可视化上并不出众。其次,这是一款很年轻的库,很多功能仍在开发中,但它也给了开发者们无限期待,相信不久的将来,它将变得越来越强大。

技能点四 可视化图表简介及注意事项

在大数据技术飞速发展的时代,越来越多的企业需要在网页中将数据做成统计表进行分析,从而能够直观地了解企业业务的发展,那么如何才能直观地分析数据呢?为此,工作人员将这些数据以图表的形式进行显示,来解决这一问题。可视化图表可以使读者一目了然地查看数据的规律、对比数据的差异等,有助于快速、有效地展示数据的关系。以下为使用可视化图表的注意事项。

1. 突出关键数据

为了能将数据清晰地展示给用户,在制作图表时,一定要去除不必要的冗余数据,凸现关键数据。

2. 强调数据核心特征

数据应该精简,使观看者能够一眼就发现数据的核心特征,如有需要强调的信息,应将分析出的规律等高亮显示。

3. 选择合适图表

可视化图表有多种类型,不同类型的可视化图表能够产生不一样的视觉效果,且适用的场景也不同。如柱状图适宜用来呈现数据对比情况,饼图适宜用来呈现数据占比等,因此选择一种合适的图表非常重要。

4. 灵活运用标注

一个好的图表中,标注是不可或缺的,标注可以装饰图表的空白空间,而且还能辅助性地介绍图表的数据信息等。

5. 避免俗套成色

当一个数据组需要多个图表展示时,应将同一类型、不同表的数据使用相同的颜色,避免颜色过多产生视觉混乱。

6. 固定颜色不变

对于有些数据图表,用户的认知已经根深蒂固,如在股市数据可视化时,涨和跌对应的数据一直以来都是用红色和绿色表示的,这种数据不能随便改变色彩,以免观看者理解错误。

如今，不管是零售、物流、电力、水利、环保领域，还是交通领域，都开始流行用交互的实时数据可视化视屏墙来帮助人们发现、诊断问题。这种视屏墙不仅外观大气，而且能够带给用户更加震撼和清晰的体验。

下面通过六个步骤，实现对图 1-1 所示的智慧工厂服务中心大屏的设计，其中设计流程如图 1-9 所示。

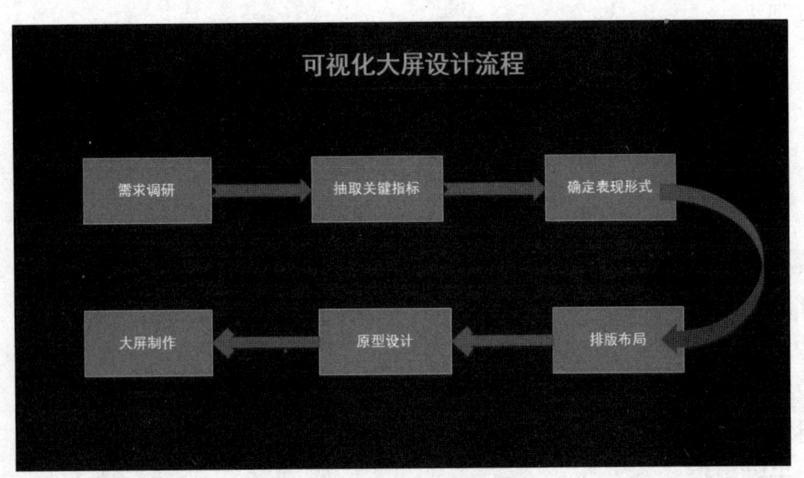

图 1-9 可视化大屏设计流程

第一步：需求调研。

为了让大屏更加契合用户各方面的需求，我们需要做一系列的调研工作，包括大屏主要显示的信息，确定所用可视化图表类型、大屏的设计比例与尺寸及各个模块所占比例。

第二步：根据需求抽取关键指标。

关键指标是一些概括性词语，是对一组或者一系列数据的统称。一般情况下，一个指标在大屏上独占一块区域，所以通过关键指标抽取，就能知道大屏上主要会显示哪些内容以及大屏会被分为几块。

确定关键指标后，根据业务需求拟定各个指标展示的优先级（主、次、辅）。效果如图 1-10 所示。

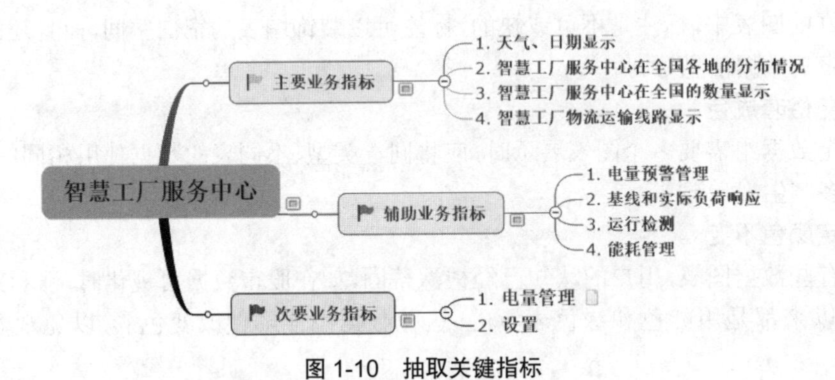

图 1-10 抽取关键指标

● 主：反映核心业务内容，一般位于屏幕正中央，并且可以适当添加各种效果。

● 次：用于进一步阐述主要指标，一般位于屏幕两侧。

● 辅：主要指标的补充信息，伴随交互效果展现。

第三步：确定数据表现形式。

明确关键指标之后需对数据进行归类处理，比如：一维数据、二维数据、三维数据、多维数据等。根据数据信息关系，选择对应的图表，如：条形图、柱状图、雷达图、折线图、正态分布图、散点图、实时 3D 渲染地图等；可参考图 1-11 选择对应的图表。

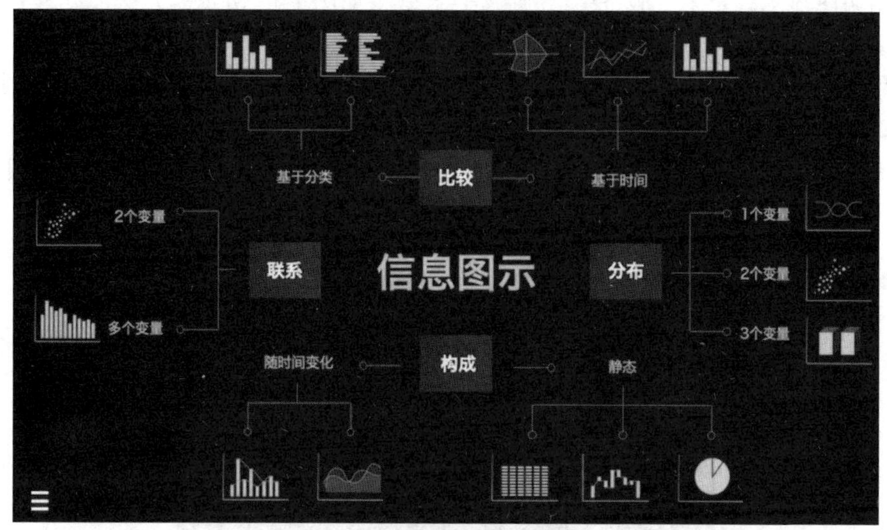

图 1-11　数据表现形式

第四步：数据排版布局。

在确定了数据表现形式后，需要对页面进行布局和划分，这就需要遵循一些重要原则：大屏首先要为业务服务，合理展现业务指标和数据。根据业务需求抽取的关键指标，按照重要程度可分为主、次、辅。数据排版布局如图 1-12 所示。

智慧工厂服务中心

辅助业务指标	次要业务指标	主要业务指标	次要业务指标	辅助业务指标
辅助业务指标				辅助业务指标
辅助业务指标	次要业务指标	主要业务指标	次要业务指标	辅助业务指标
辅助业务指标				辅助业务指标

图 1-12　数据排版布局

第五步：原型设计。

确定好了大屏制作的方向之后，我们就可以对大屏进行原型设计了，根据排版好的内容设计制作原型图。

第六步：大屏制作。

根据已经设计好的原型图，进行智慧工厂服务中心大屏界面制作，主要包括预警信息、负荷响应、分布情况、运行监测等模块的制作。

1. 预警管理的制作

使用饼图显示智慧工厂服务中心预警信息，效果如图 1-13 所示。

2. 负荷响应的制作

使用折线图显示智慧工厂服务中心负荷响应信息，折线图可以设置提示框、工具箱、图例选项、数据选项等，效果如图 1-14 所示。

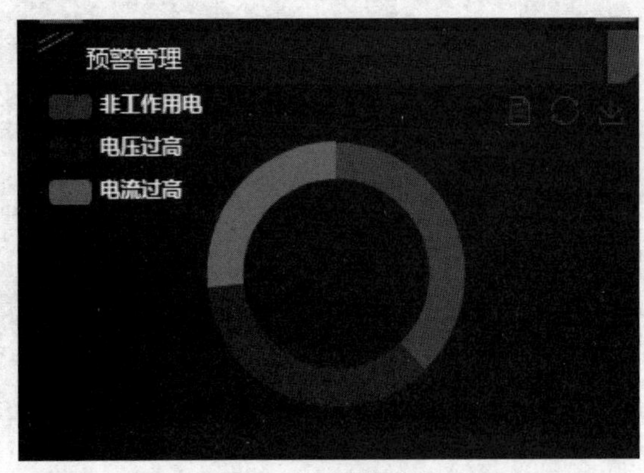

图 1-13 预警管理

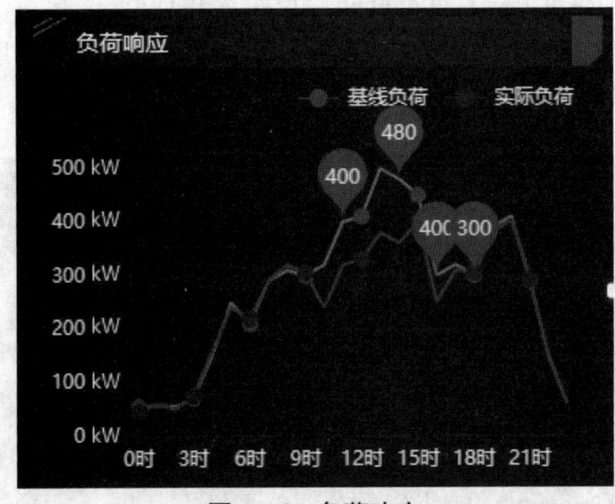

图 1-14 负荷响应

3. 地图的制作

使用地图显示智慧工厂服务中心在全国各地的分布情况。

4. 运行检测模块的制作

使用柱状图显示智慧工厂服务中心 1 月至 5 月运行设备数量，效果如图 1-15 所示。

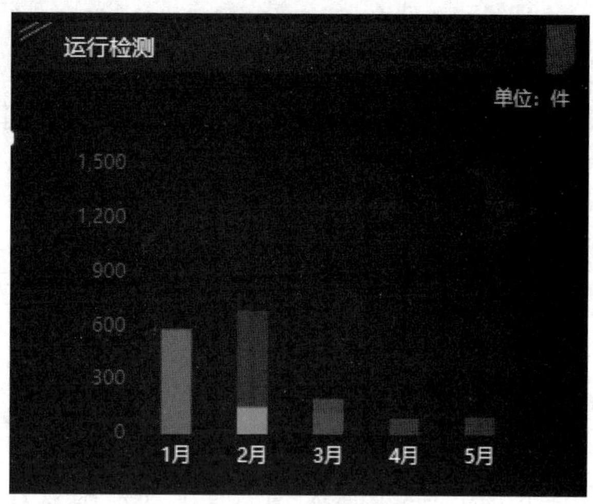

图 1-15　柱状图

至此智慧工厂服务中心大屏界面制作完成。

本项目通过对智慧工厂服务中心大屏的学习，帮助读者初步了解数据可视化的发展历史、应用场景，学习主流的可视化软件（Processing、D3.js、Echarts 等）同时加深了读者对可视化工具优缺点的印象。

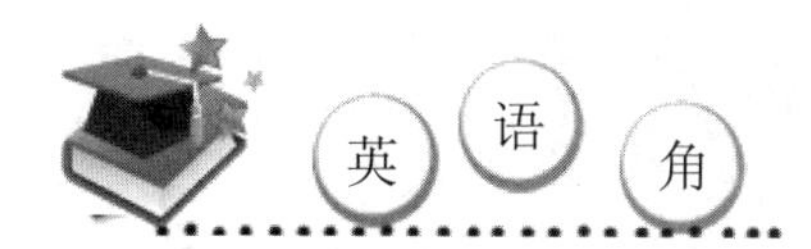

processing	处理	chord	和弦图
force	力导布局图	flask	瓶
eventRiver	事件河流图	analytics	分析
newsroom	编辑部	visualization	可视化

一、选择题

1. Processing 是采用（　　）语言进行编写的。

A. php　　B. Java　　C. C 语言　　D. C++

2. 通过（　　）可以将任意数据（如一个数组）绑定到 DOM 层，然后将其转换成另外一种形式（如表格、图表等）显示出来。

A. D3　　B. Echarts　　C. Processing　　D. Tableau

3.（　　）不仅能够连接到文件，还能连接到服务器等。使用者不用编写代码即可实现图形图表的制作。

A. Processing　　B. Tableau　　C. Echarts　　D. D3

4. 使用 Echarts 绘制图表需要用到（　　）方法，执行该方法后会传入一个具备大小的 DOM 节点即实例化出图表对象。

A. set（）　　B. setSeries（）　　C. init（）　　D. setOption（）

5. setOption（）方法用于（　　）。

A. 初始化接口　　B. 配置图表实例选项

C. 图表数据接口　　D. 设置时间轴

二、填空题

1.D3（数据驱动文档）是 JavaScript 的一个__________，它的主要目标是实现数据可视化。

2.__________作为一个 JavaScript 图表库，具有直观、生动、简洁、可交互等特点，不仅可以在 PC 端使用，在移动端也非常适用。

3.__________是一个用于生成 Echarts 图表的类库。

4. 简单地讲，pyecharts 就是 Echarts 与__________的对接与组合。

5.Tableau 连接"到文件"：可以连接存储 Microsoft Excel 文件、文本文件、__________、Microsoft Access 文件、PDF 文件、空间文件和统计文件等中的数据源。

三、上机题

要求：利用本项目所学知识点搭建 Tableau、Echarts、pyecharts 环境。

项目二　基于 Tableau 实现智慧工厂首页模块

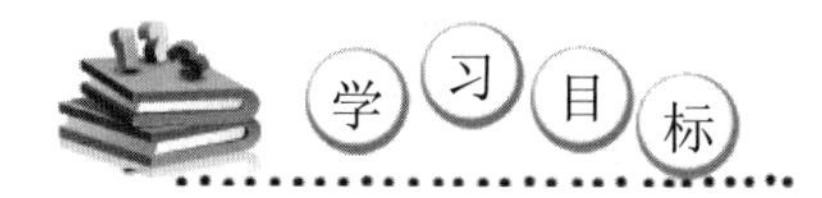

通过实现智慧工厂首页模块界面，了解 Tableau 的安装与发布，学习柱状图、直方图的使用方法，掌握使用 Tableau 绘制图表的技能，具有使用 Tableau 绘制图表的能力。在任务实施过程中：

- 了解 Tableau 的安装与发布；
- 学习柱状图、直方图的使用方法；
- 掌握使用 Tableau 绘制图表的技能；
- 具有使用 Tableau 绘制图表的能力。

课程思政

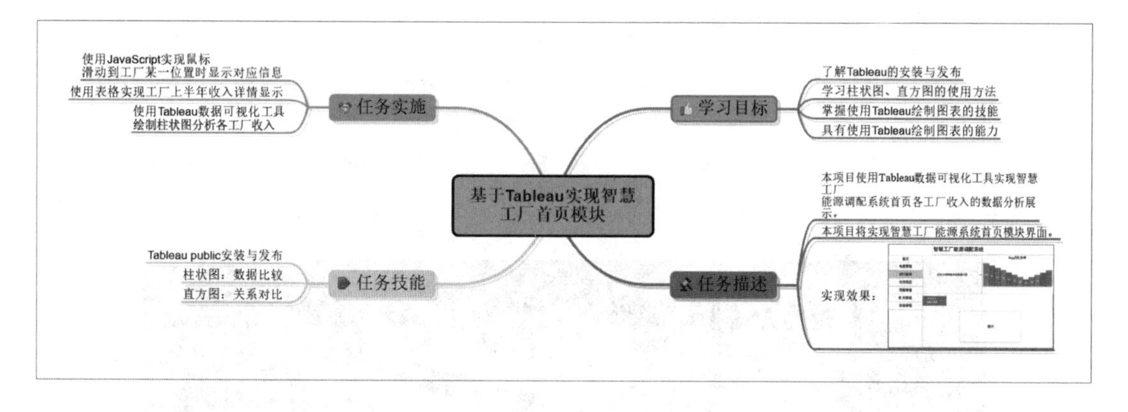

【情境导入】

营业收入是企业经营活动的主要来源，营业收入的多少反映了企业在市场竞争中的地位，既影响企业总利润，又受各种因素的制约。因此，该企业决定在“智慧工厂能源系统”的首页模块对各个工厂的收入情况进行分析，对收入少的工厂采取应对措施。本项目使用 Tableau 数据可视化工具实现智慧工厂首页模块对各工厂收入的数据分析展示。

【功能描述】

本项目将实现智慧工厂首页模块界面。

- 使用 JavaScript 实现鼠标滑动到工厂某一位置时显示对应信息。
- 使用表格实现工厂上半年收入详情显示。
- 使用 Tableau 数据可视化工具绘制柱状图分析各工厂收入。

【基本框架】

基本框架如图 2-1 所示，通过本项目的学习，能将框架图 2-1 转换成智慧工厂首页模块效果，如图 2-2 所示。

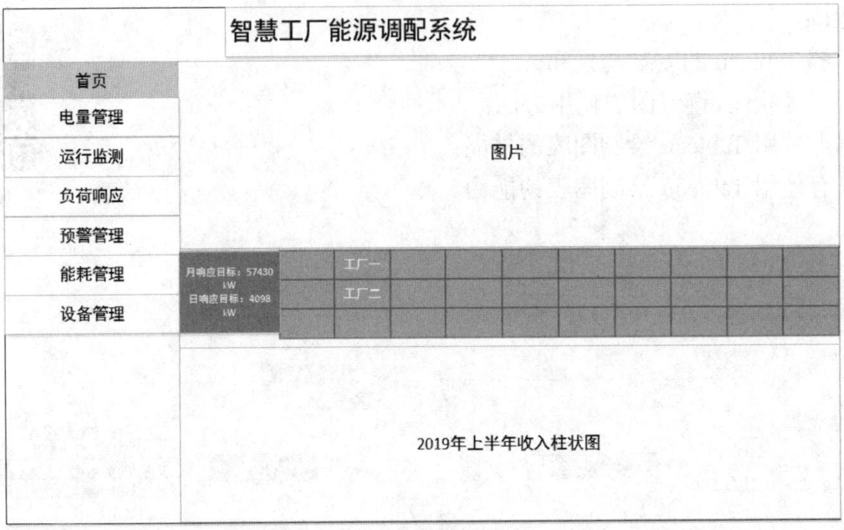

智慧工厂能源调配系统
首页
电量管理
运行监测
负荷响应
预警管理
能耗管理
设备管理
图片
月响应目标：57430 kW
日响应目标：4098 kW
工厂一
工厂二
2019年上半年收入柱状图

图 2-1 框架图

智慧工厂能源调配系统
管理员
首页
电量管理
运行监测
负荷响应
预警管理
能耗管理
设备管理
2019年5月：
工厂一：
工厂二：

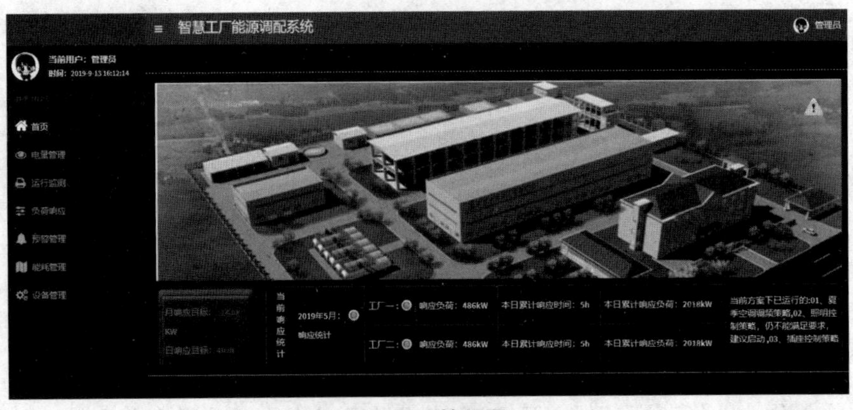

图 2-2 效果图

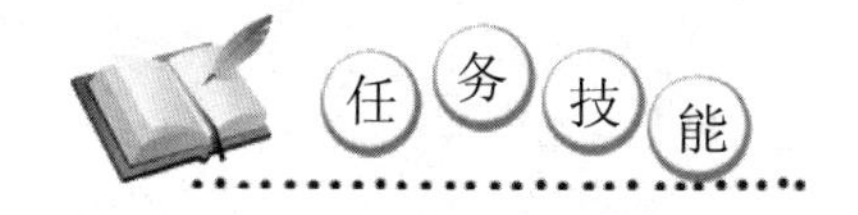

技能点一　Tableau 数据可视化入门

Tableau Public 可以连接一个或多个数据源，轻松地对多个数据源进行分析，具有易上手、分析功能强大、独立自主运行等特点，以下为安装并使用 Tableau Public 的具体操作。

1. 下载与安装

在官方网址下载 Tableau Public。打开官网，地址为 https://public.tableau.com/s/download，在文本框中输入电子邮件地址后，点击“下载应用”。下载后进行安装。图 2-3 所示为 Tableau Public 官网。

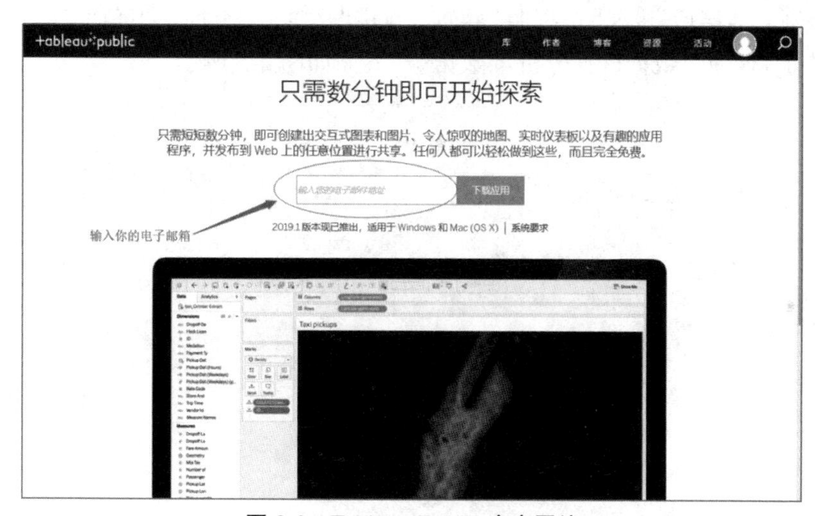

图 2-3　Tableau Public 官方网站

2. 工作区

Tableau Public 的“开始”界面由三个模块组成：“连接”“打开”和“探索”，通过这三个模块，可以连接数据、访问最近使用过的工作簿以及学习 Tableau 的一些入门资源，Tableau Public 的“开始”界面如图 2-4 所示。

Tableau 工作区域主要用来制作视图、设计仪表板、发布和共享工作簿等，其包含了工作表工作区、仪表板工作区等。

- 工作表：工作表又称视图，是分析可视化数据的最基本模块。
- 仪表板：仪表板通常由多个工作表和一些图像、文本、网页等组成，可根据项目需求进行组织和布局，呈现出数据之间的关系等。
- 工作簿：工作簿包含至少一个工作表或仪表板等，是承载用户在 Tableau 上的工作成果的容器。用户在制作成果后可将其布局保存 / 发布为工作簿，便于后期的共享与存储。

图 2-4　Tableau Public“开始”界面

3. 数据分析

Tableau 可以连接 Excel、文本文件、JSON 等。现以分析该工厂在各省份某一时间段能源使用量为例。连接后，进入“数据源”界面。点击“数据源”界面左下角“工作表 1”切换至“工作表”界面，以便对数据进行分析，“数据源”界面如图 2-5 所示。

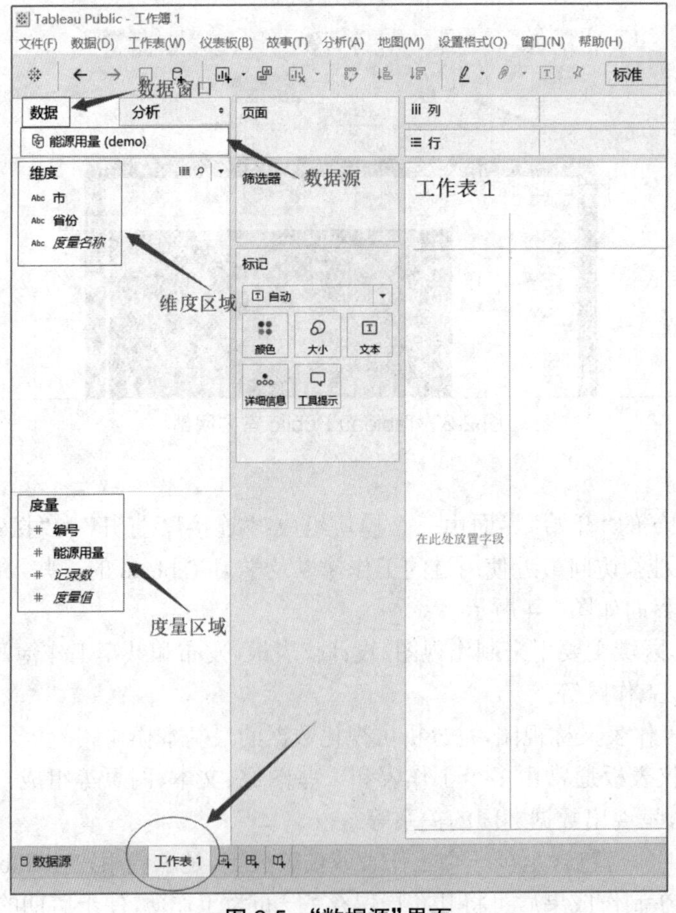

图 2-5　“数据源”界面

Tableau 数据具有两种角色划分，一种是维度和度量，另一种是离散和连续，Tableau 功能区对不同数据角色的操作处理方式不同。

（1）维度和度量

维度作为用户观察数据的角度，通常被理解为不可被聚合的字段，如一些分类、时间方面等的定性字段。当把维度拖放至功能区时，Tableau 不会对其进行计算，而是在视图区进行分区，各区的标题即为维度的内容。

度量可被理解为可聚合的字段，代表聚合运算的结果，往往被设置为数值字段。当把度量拖放至功能区时，Tableau 默认为其进行聚合运算，并且在视图区显示相应的数据轴。

注：维度和度量字段有明显的差异，即维度为蓝色，度量为绿色。Tableau 连接数据时会对各个字段进行分析，根据分析自动将字段放入维度区域和度量区域。

（2）离散和连续

在 Tableau 中，蓝色代表了离散字段，绿色代表了连续字段，当把离散字段拖放至功能区时，将会在视图区域显示标题。当把连续字段拖放至功能区时，将会在视图区域显示数据轴，如图 2-6 所示。

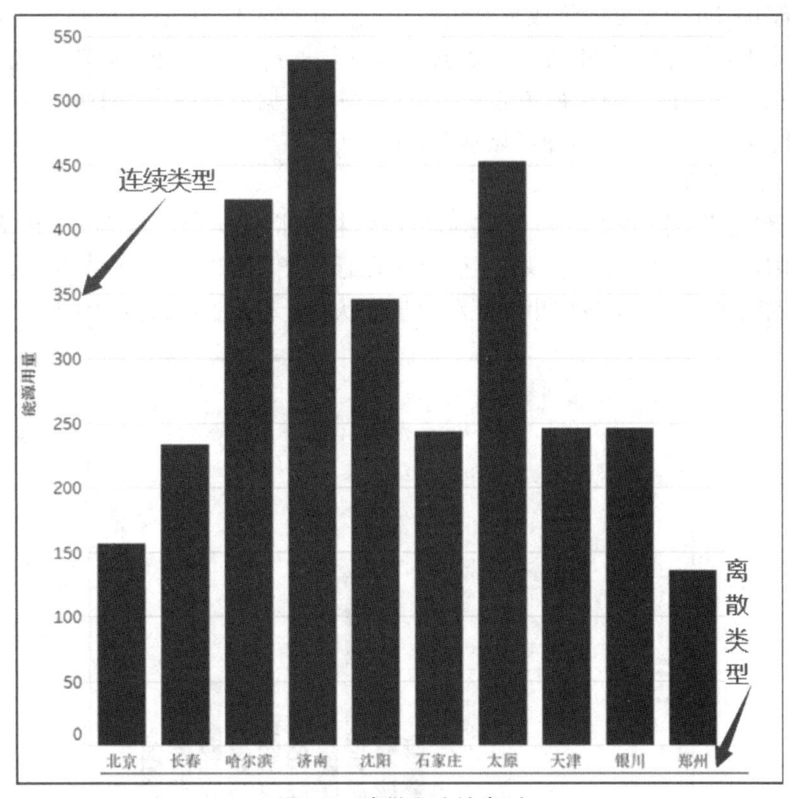

图 2-6　离散和连续类型

注：离散和连续字段类型可互换，方法是在字段上单击鼠标右键，在弹出的菜单中选择“离散”或“连续”即可实现转换，如图 2-7 所示。

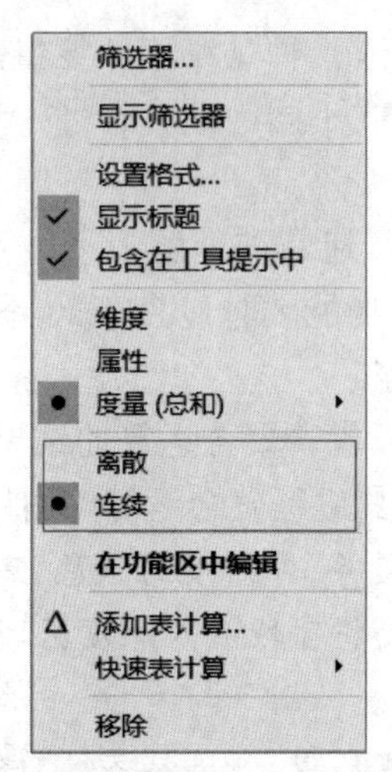

图 2-7　离散和连续字段类型互换

4. 创建视图

一个完整的 Tableau 可视化成果是由一个或多个仪表板组成的，而每一个仪表板至少包含一个工作表（视图）。使用者通过数据窗口的数据字段可以创建视图，视图中的图形变换可通过标记进行切换。创建视图非常简单，只需将数据窗口的字段拖放至行、列功能区，Tableau 会依赖相关功能自动将图形显示在视图区域。

（1）行、列功能区

首先选择“市”字段并将其拖放至列功能区，横轴将按照市进行划分，形成横轴标题。然后将“能源用量”字段拖放至行功能区，这时在行功能区会自动生成总和（能源用量），相应的在下方视图区域会显示各城市的能源用量柱状图。行、列功能区如图 2-8 所示。

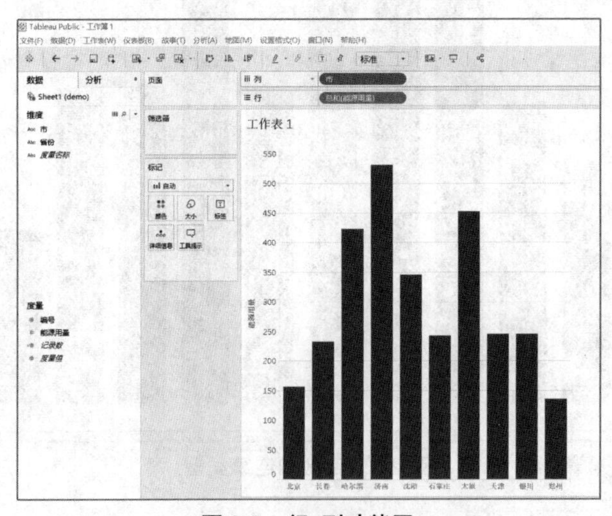

图 2-8　行、列功能区

维度和度量都可放在行、列功能区内，通过手动拖拽或者工具栏上的“交换行和列”按钮可对其进行位置互换。“交换行和列”按钮如图 2-9 所示。

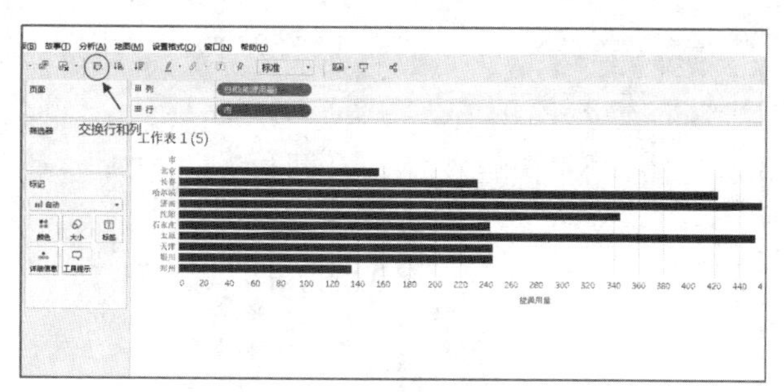

图 2-9　交换行和列

（2）标记

当基本视图创建完成后，可通过标记来更改视图的形状、颜色、大小、标签等。这些操作非常简单，只需将相应的字段拖放至相应功能区域即可，然后对细节、格式进行调整。如将“市”字段拖放至“颜色”处，可更改各个市的颜色，然后将“能源用量”字段拖放至“标签”处，可在视图上显示能源用量的标签。“标记”模块如图 2-10 所示。

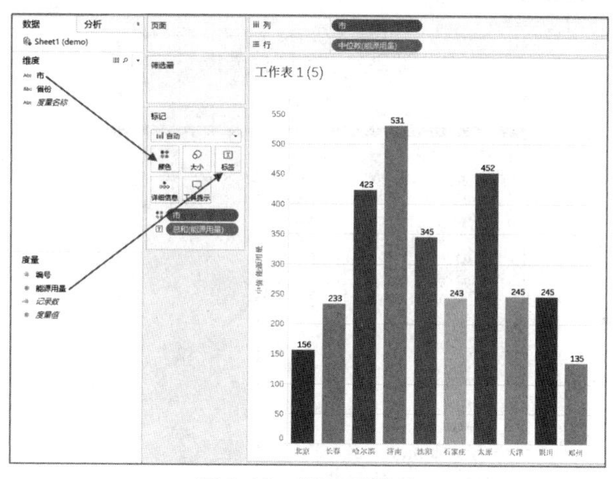

图 2-10　“标记”模块

除上述操作外，创建视图还可以进行筛选、智能显示等操作，将会在以下项目中进行详细介绍。

5. 创建仪表板进行保存

创建视图后即可创建仪表板，进行视图布局。首先新建仪表板，进入仪表板工作区，然后将选中的视图拖放至仪表板中。创建仪表板如图 2-11 所示。

当完成仪表板布局后，即可将工作结果保存到工作簿中。具体操作步骤如下。

第一步，保存可视化数据。

点击文件，选择“保存到 Tableau Public”，如图 2-12 所示。

第二步：命名发布。

点击保存后，弹出命名对话框，为工作表命名。命名完成后，稍等一会，发布过程结束后，工作结果将会被发布到 Tableau Public 中，如图 2-13 和图 2-14 所示。

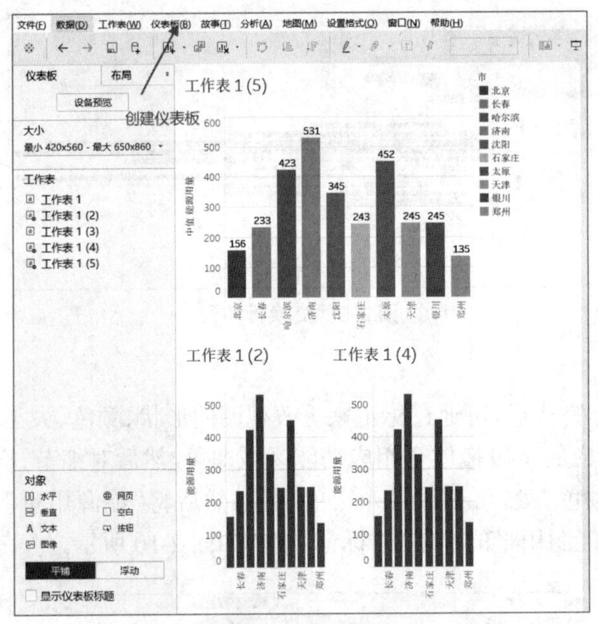

图 2-11 创建仪表板

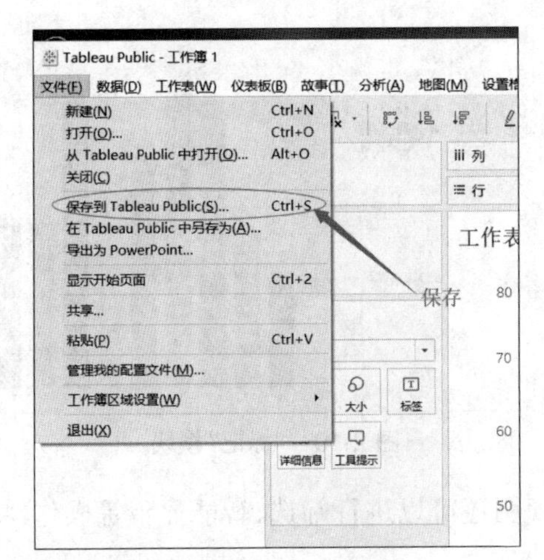

图 2-12 保存界面

图 2-13 发布到 Tableau Public(1)

第三步：分享。

发布后，点击“分享”按钮，生成代码和链接，如图 2-15 所示。

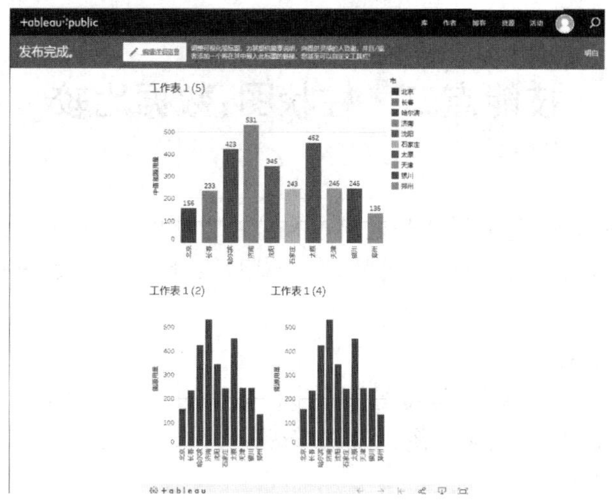

图 2-14　发布到 Tableau Public(2)

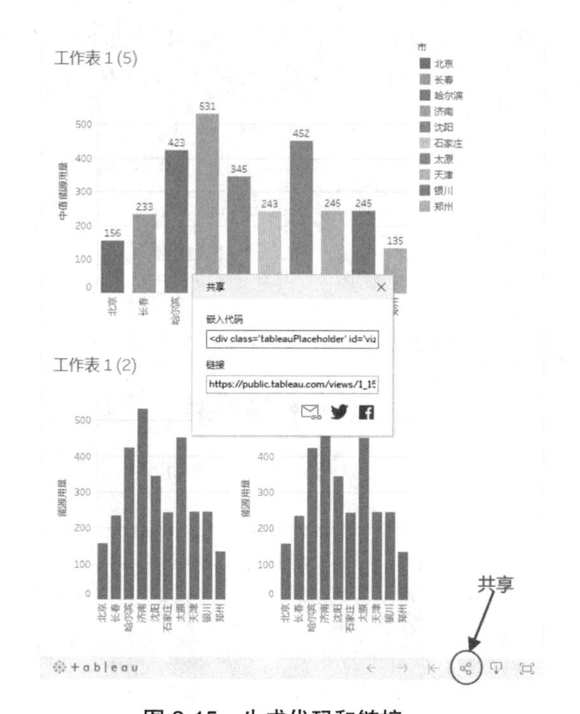

图 2-15　生成代码和链接

至此，基于 Tableau 发布可视化数据完成。

提示：当 Tableau 软件下载与安装成功后，想要制作图表，需要了解 Tableau 界面中提供的各种导航功能。扫描图中二维码，了解更多信息。

技能点二　柱状图:数据比较

柱状图(又称条形图)是通过矩形的高度来分析数据的,适用于二维数据集(每个数据点包含两个值),其具有直观、易解读等特点。使用柱状图来分析数据,便于用户对数据分析结果的辨识。

1. 柱状图的数据特点

柱状图通常通过高度、颜色、标签等表示多个数据的关系。除了基本的类型外,它还包含许多派生的类型,如直方图、条形图、堆积条形图等。

(1)消费支出对比

支付宝作为目前最受欢迎的软件之一,为了使用户能够更加直观地查看历史支出情况,其在账单界面添加了“统计”选项卡,并在“月份”模块中使用柱状图展示用户历史消费记录,用户可以直观地看出自己每个月的支出情况,如图 2-16 所示。

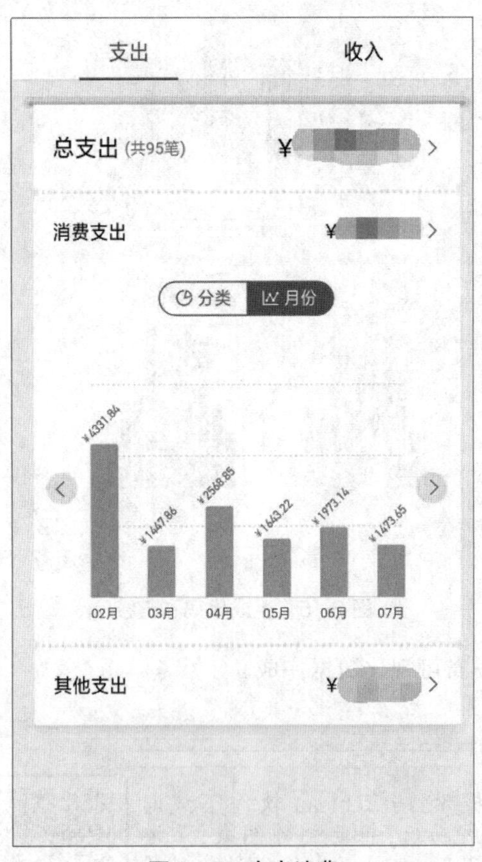

图 2-16　支出消费

(2)关注人数对比

在生活中,公众号管理者使用柱状图能够方便地了解用户关注和取消关注的人数情况,还可对同一时间段内用户关注和取消关注的人数进行对比分析，如图 2-17 所示。

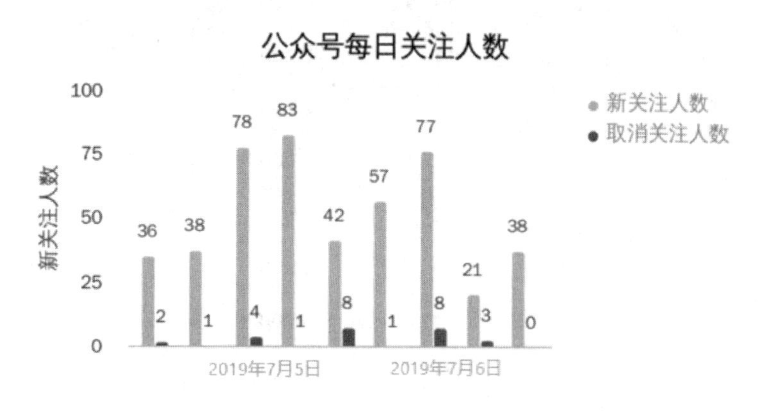

图 2-17　关注人数对比

2. 柱状图的使用

在工业生产中，环境的污染会给附近的居民带来很大的困扰，因此监控生产行为给环境带来的影响是每一家工业企业必不可少的工作。图 2-18 展示的是某企业 24 小时监控的声音数据统计分析柱状图。

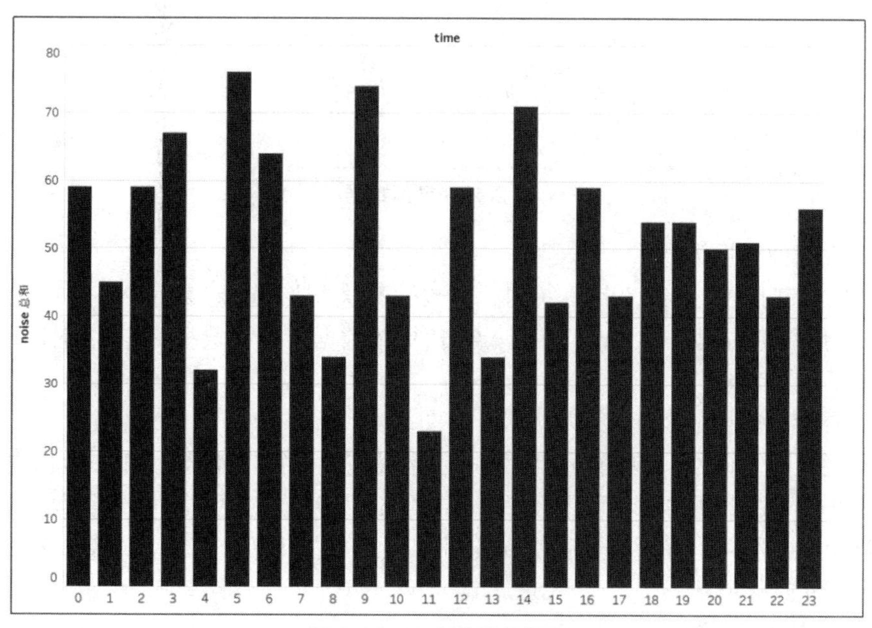

图 2-18　声音数据柱状图

图 2-18 中 x 轴为离散数据，展示的是时间数据，而 y 轴既可以为离散数据，也可以为连续数据，展示的是分贝数据。为了实现图 2-18 效果，具体步骤如下。

第一步：准备数据（模拟数据）。

数据如图 2-19 所示。

id	noise	time
0	59	00:00
1	45	01:00
2	59	02:00
3	67	03:00
4	32	04:00
5	76	05:00
6	64	06:00
7	43	07:00
8	34	08:00
9	74	09:00
10	43	10:00
11	23	11:00
12	59	12:00
13	34	13:00
14	71	14:00
	……	

图 2-19 模拟数据

第二步:更改数据类型。

用鼠标右键点击“noise”字段,点击“更改数据类型”,选择“数字(整数)”类型,如图2-20 所示。用鼠标右键点击“time”字段,点击“更改数据类型”,选择“日期和时间”类型,如图 2-21 所示。

第三步:将字段拖放至行、列功能区。

将“time”字段拖放至列功能区,将“noise”字段拖放至行功能区,由于本数据中,“time”字段为时间(小时)数据,因此用鼠标右键点击“time”字段,在“更多”的下级菜单中选择以“小时”显示,如图 2-22 所示。然后使“noise”字段以“总和”形式显示,如图 2-23 所示。选择后效果如图 2-24 所示。

第四步:更改柱状图。

在“标记”模块中选择“条形图”,如图 2-25 所示,实现后效果如图 2-26 所示。

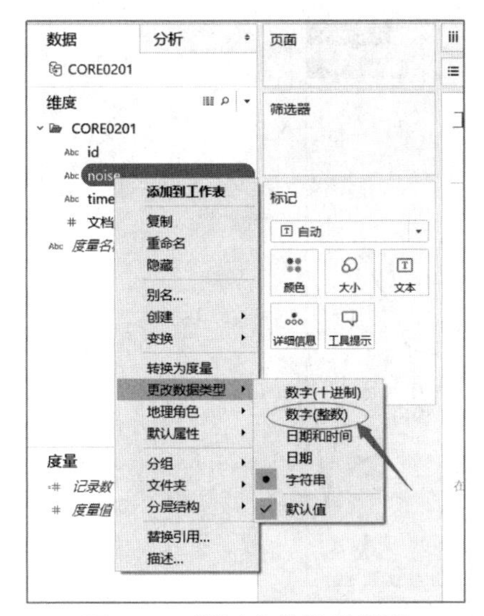

图 2-20　“数字(整数)”类型

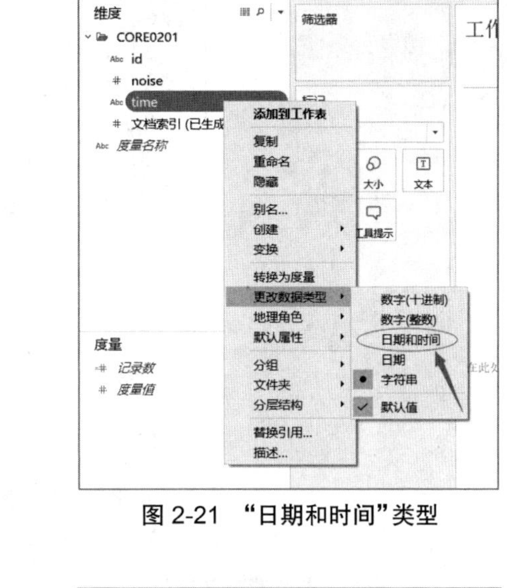

图 2-21　“日期和时间”类型

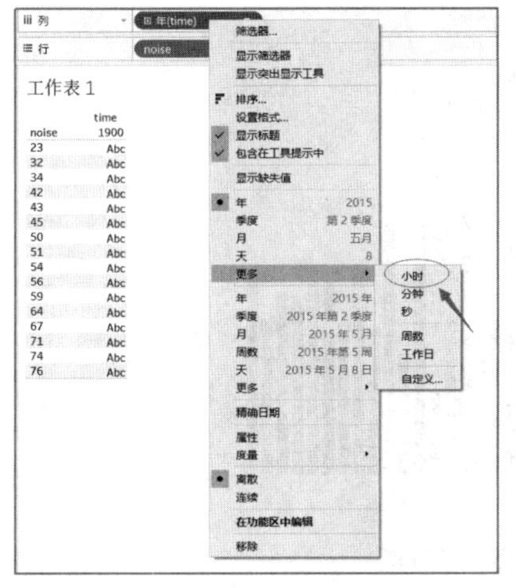

图 2-22　选择以“小时”显示

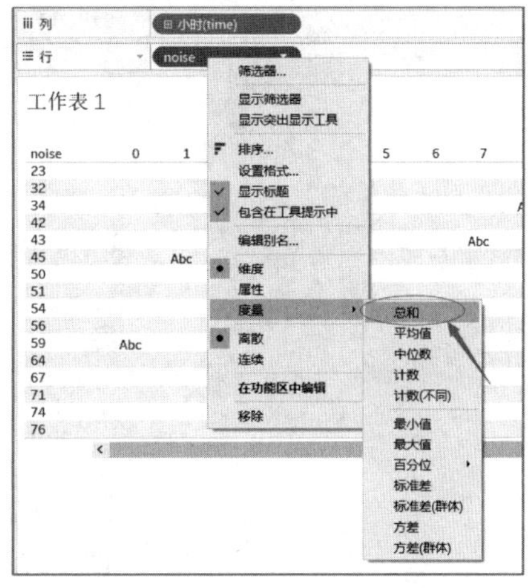

图 2-23　选择以“总和”显示

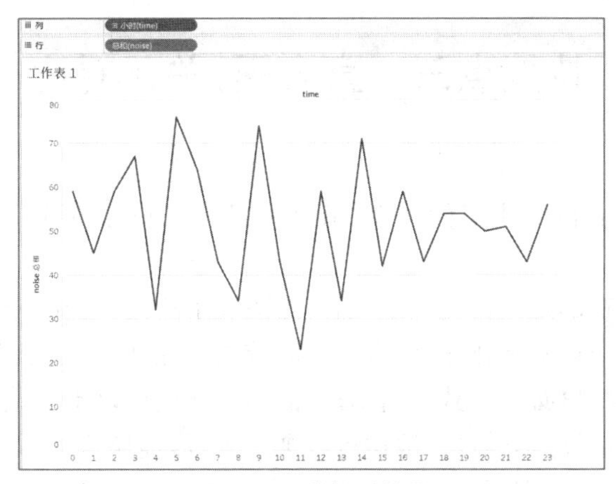

图 2-24　选择后效果

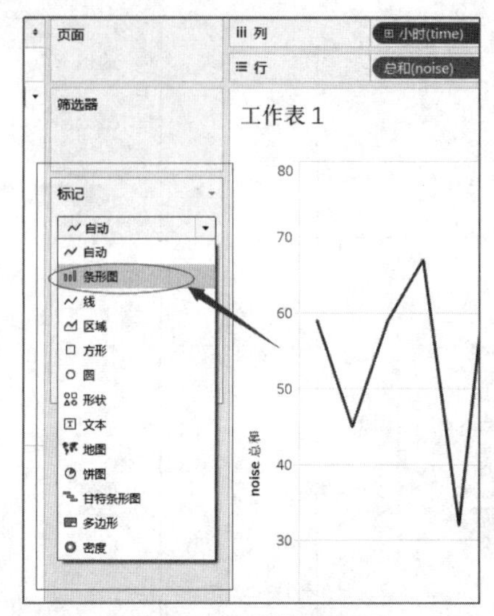

图 2-25 选择“条形图”

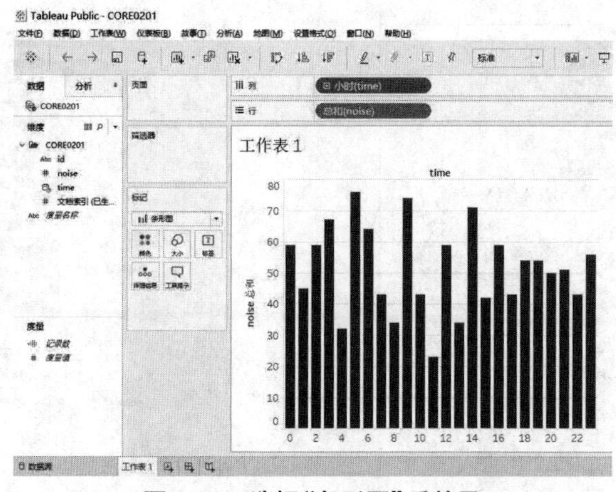

图 2-26 选择“条形图”后效果

技能点三 直方图:关系对比

直方图又称数据分布图,主要分析数据的整体特征。直方图虽类似于柱状图,但与柱状图有很大区别。

● 柱状图主要分析的是数据的大小,而直方图表示的是数据的分布。

● 柱状图的数据可以随意排序,而直方图的数据是连续的、固定的。

● 柱状图的矩形宽度必须一致,而直方图的矩形宽度可以不一致。

直方图适用于大量数据分析,对数据进行加工处理,能整理出数据的分布规律,最终用户将会获得总体数据的分布特征。

1. 直方图的数据特点

直方图在工业生产中，主要用于对工序或批量产品的质量水平等进行分析。使用者能够通过每个矩形（显示该范围内所统计的数据）的高度，直观地看出数据的分布状态，便于判断整体的趋势走向。

（1）成绩分布

考试后，班主任可通过直方图分析班内学生的整体学习水平，如图 2-27 所示，成绩在 80~90 分的学生人数最多，没有不及格人数。

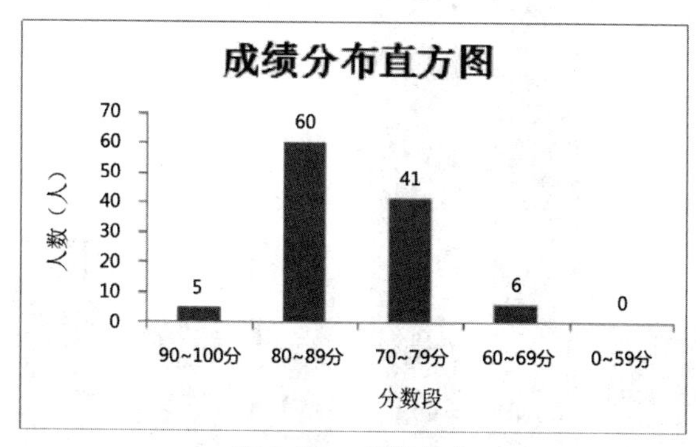

图 2-27　成绩分布

（2）年薪占比

教育网站通过直方图展示大数据行业在不同年薪区间的就业人数百分比，如图 2-28 所示，用户可以直观地看出大数据行业是一个高薪职业。

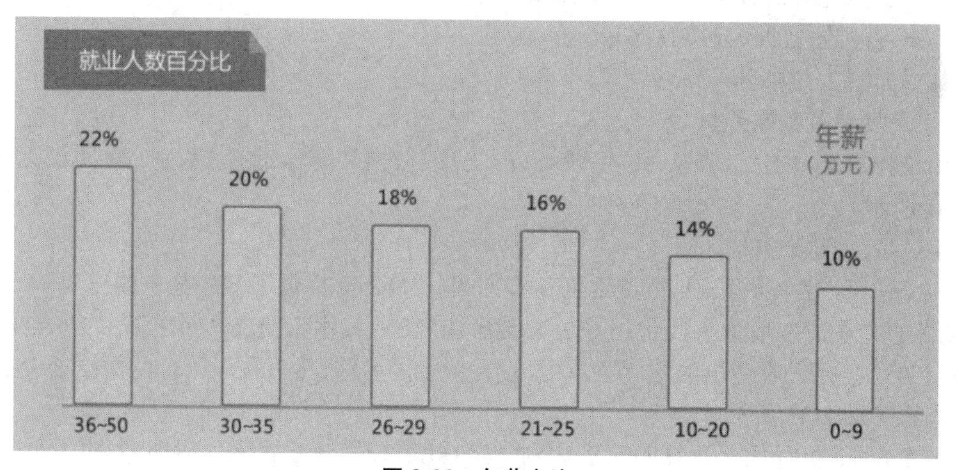

图 2-28　年薪占比

2. 直方图的使用

如图 2-29 所示是该企业的水排放直方图。使用者可以直观地看出超过污水排放标准的工厂有多少。

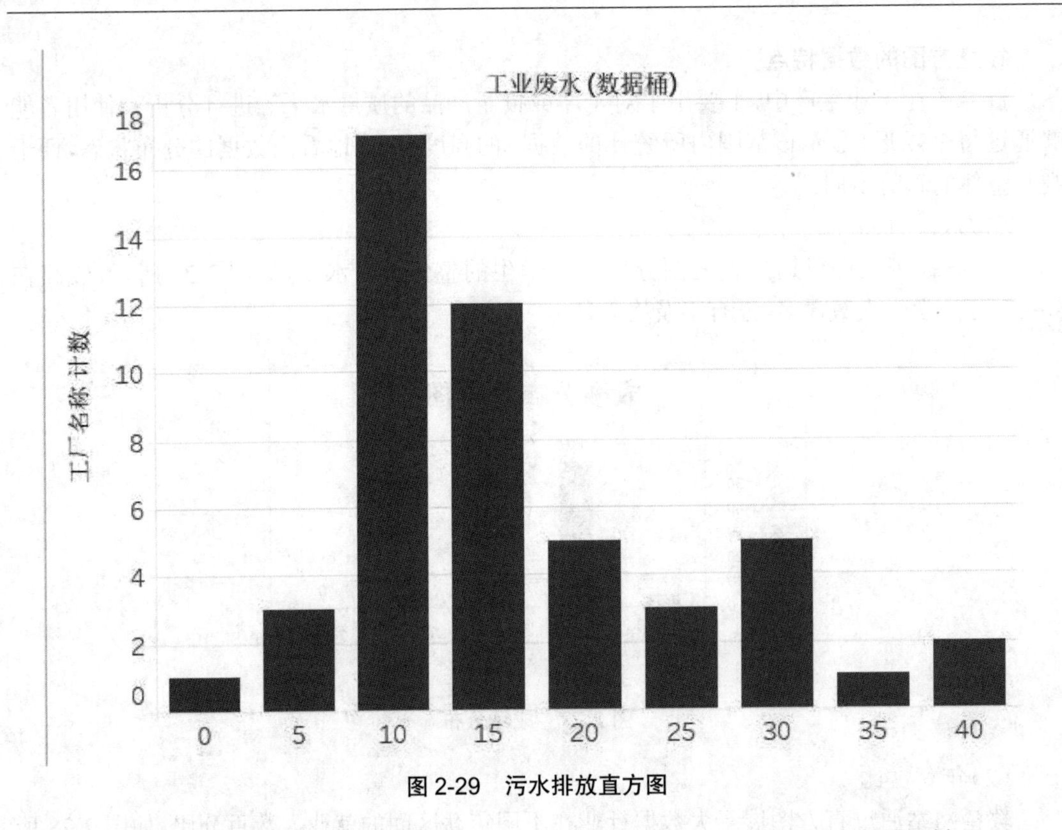

图 2-29 污水排放直方图

直方图的横轴为组距,纵轴为频次,图 2-29 中,横轴显示污水排放组别,纵轴显示工厂数量。为了实现图 2-29 效果,具体步骤如下。

第一步:准备数据(模拟数据)。

数据如图 2-30 所示。

第二步:更改数据类型。

用鼠标右键单击“工业废水”字段,点击“更改数据类型”,选择“数字(整数)”类型,如图 2-31 所示。

第三步:创建数据桶。

为了使操作者能够快速、方便地创建直方图, Tableau 提供了一种简单的方式——数据桶,创建直方图。在度量字段中用鼠标右键单击“工业废水”,选择“创建”→“数据桶”,效果如图 2-32 所示。在弹出的配置菜单中,设置新字段名称,然后输入符合的数据桶大小(组距数值),如图 2-33 所示。

当 Tableau 执行优化计算的速度达到一定程度时,打开配置界面时所看到的数据桶大小值为 Tableau 估计出的最佳数据桶大小。

注: Tableau 是通过数据中最大和最小值之间的差除以数据桶数确定每个数据桶大小的。

id	工业废水	工厂名称
1	10	工厂一
2	32	工厂二
3	43	工厂三
4	32	工厂四
5	25	工厂五
6	31	工厂六
7	42	工厂七
8	26	工厂八
9	4	工厂九
10	8	工厂十
11	5	工厂十一
12	8	工厂十二
13	14	工厂十三
14	14	工厂十四
15	10	工厂十五

图 2-30　模拟数据

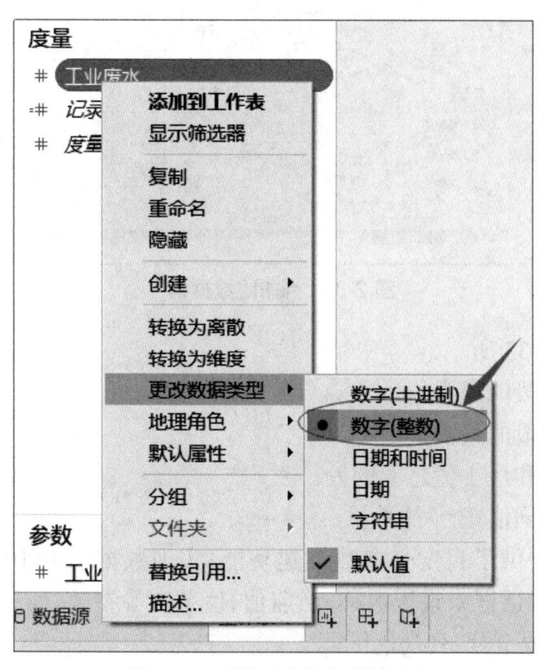

图 2-31　“数字(整数)”类型

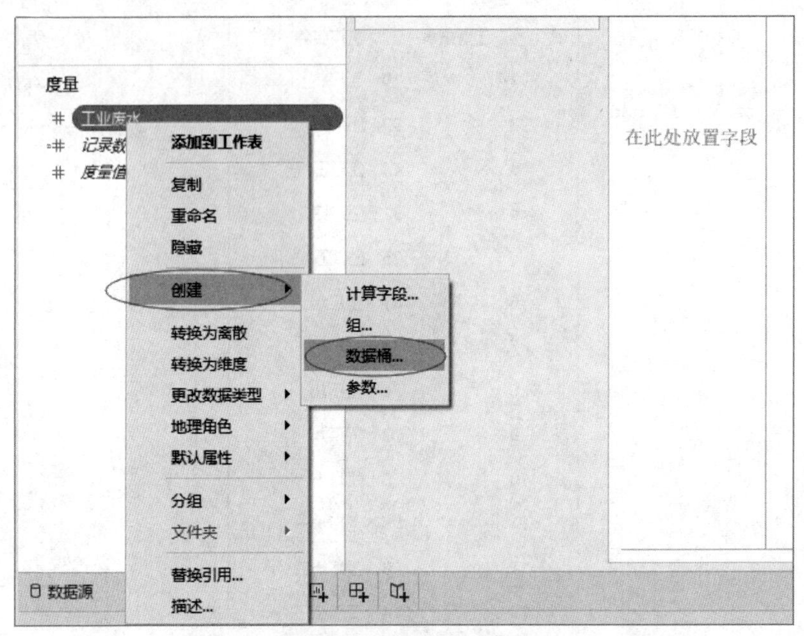

图 2-32 选择“数据桶”

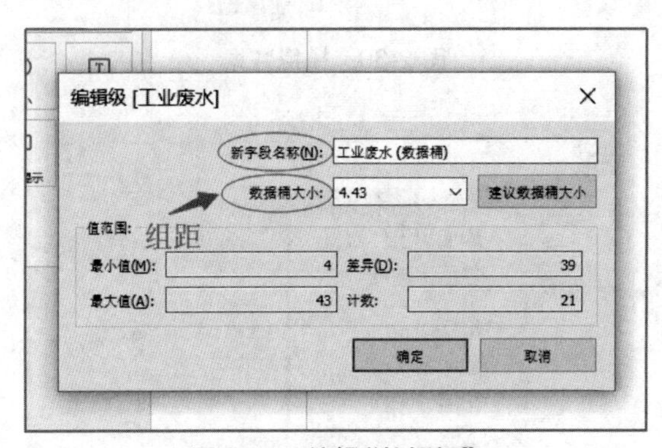

图 2-33 编辑“数据桶”

值范围区域如图 2-33 所示。

● 最小值:代表字段的最小值。

● 最大值:代表字段的最大值。

● 差异:代表最大和最小值之间的差。

● 计数:数据中不同值(行)的数量。

在配置菜单里还提供了自定义参数创建功能,实现数据桶大小的动态调整,如图 2-34 所示。在“创建参数”对话框中设置名称、当前值、值范围等参数,如图 2-35 所示。

第四步:将字段拖放至行、列功能区。

将“工业废水(数据桶)”字段拖放至列功能区,“工厂名称”字段拖至行功能区。然后使“工厂名称”字段以“计数”显示,目的是将“工厂名称”(离散字段)转换为包含值的频次信息,如图 2-36 所示。实现后效果如图 2-37 所示。

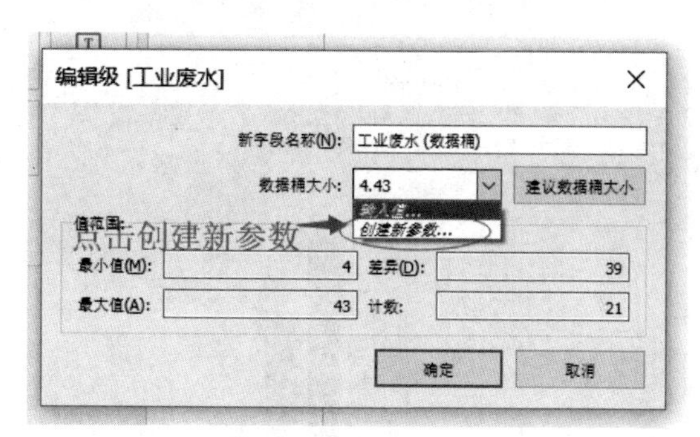

图 2-34　创建新参数

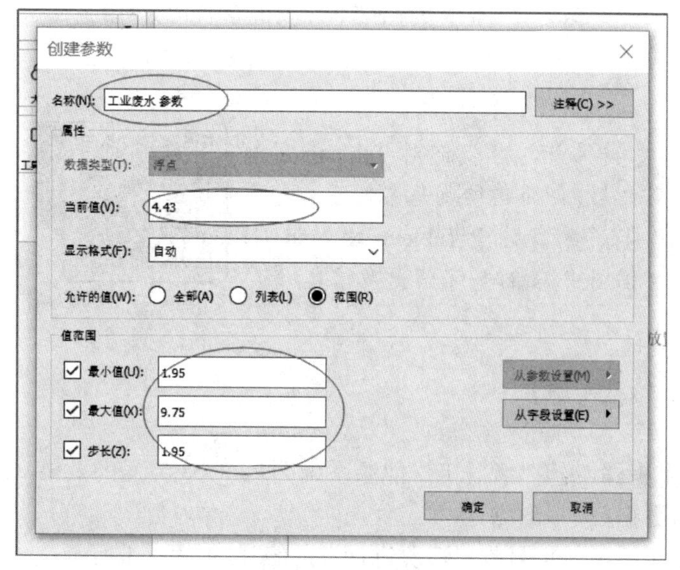

图 2-35　参数修改

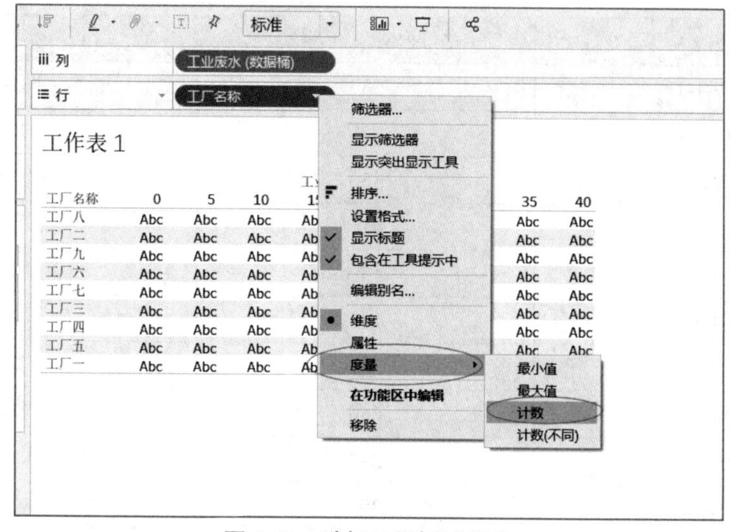

图 2-36　选择以“计数”显示

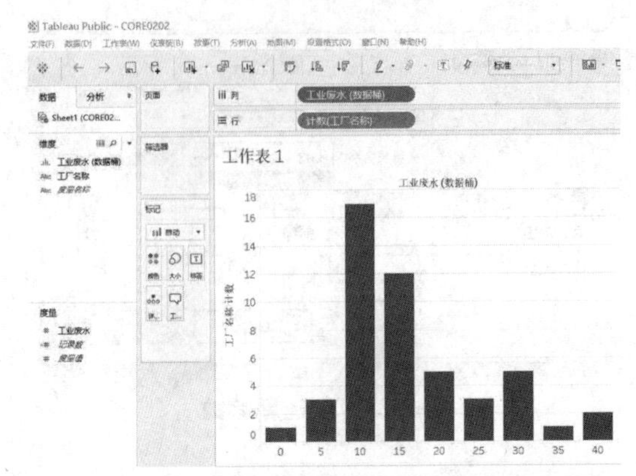

图 2-37 将字段拖放至行、列功能区后的效果图

快来扫一扫!

提示:当我们对 Tableau 了解之后,会简单绘制基本图表。想要了解更多关于 Tableau 的知识,扫描图中二维码,了解更多信息。

扫一扫

通过下面六个步骤,实现“智慧工厂能源系统”首页模块界面的效果。

第一步:准备数据(模拟数据)。

对企业 2019 年上半年每月收入情况进行汇总统计,如表 2-1 所示。

表 2-1 收入统计

日期	成本(万元)	指标
2019-1-1	239	同期
2019-2-1	158	同期
2019-3-1	350	同期
2019-4-1	416	同期
2019-5-1	159	同期
2019-6-1	183	同期
2019-7-1	561	同期
2019-8-1	630	同期
2019-1-1	294	本期
2019-2-1	203	本期
2019-3-1	369	本期

续表

日期	成本（万元）	指标
2019-4-1	517	本期
2019-5-1	192	本期
2019-6-1	210	本期
2019-7-1	629	本期
2019-8-1	730	本期

第二步：右侧内容部分制作。

对右侧内容部分进行布局，将其划分为工厂图、使用表格分析收入以及使用 Tableau 柱状图分析收入三个部分，代码如 CORE0201 所示。

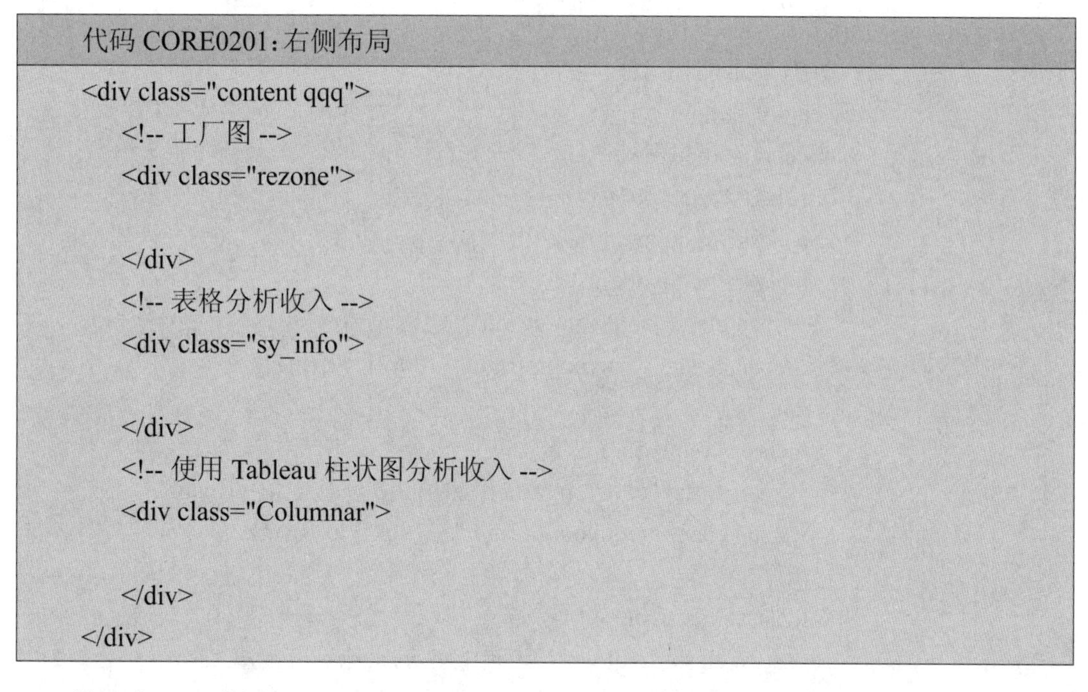

代码 CORE0201：右侧布局

```
<div class="content qqq">
    <!-- 工厂图 -->
    <div class="rezone">

    </div>
    <!-- 表格分析收入 -->
    <div class="sy_info">

    </div>
    <!-- 使用 Tableau 柱状图分析收入 -->
    <div class="Columnar">

    </div>
</div>
```

第三步：工厂图显示。

使用 JavaScript 实现当鼠标滑动到图片上的某一个工厂时，显示该工厂的信息，代码如 CORE0202 所示。效果如图 2-38 所示。

代码 CORE0202：工厂图

```
<div class="rezone">
        <div class="requtu" >
            <img src='vince/images/1.png' usemap="#Map"/>
            <map name="Map">
    <area shape="poly" id="hotone"
```

```
                    coords="487,85,563,60,660,41,721,35,753,35,772,40,785,45,778,190,
748,197,729,213,727,230,727,264,680,276,665,273,640,269,624,269,598,273,580,273,564,
274,556,274,542,280,524,280,508,278,492,278,485,263"
                            href="#">
                <area shape="poly" id="hottwo"
                    coords="185,156,213,177,223,175,236,188,238,200,307,211,308,196,
330,189,424,156,422,110,400,91,315,72,311,51,257,40,244,32,212,26,168,32,155,45,156,115,
159,135"
                    href="#">
            </map>
            <a href="yjgl.html">
                <div class="sy_jinggao jing"></div>
            </a>
            <!-- 图片显示的弹出框 -->
            <div class="requone">
                <div class="requzuo"></div>
                <div class="requyou">
                    <p class="requyou_title"> 工厂一 </p>
                    <li class="requyou_inf">
                        <span class="requyou_infleft"> 实时负荷 </span>
                        <span class="requyou_infright">180kW</span>
                    </li>
                    <li class="requyou_inf ">
                        <span class="requyou_infleft"> 本日累计耗电量 </span>
                        <span class="requyou_infright">2190kWh</span>
                    </li>
                    <li class="requyou_inf ">
                        <span class="requyou_infleft"> 本日累计响应电量 </span>
                        <span class="requyou_infright">311kWh</span>
                    </li>
                </div>
            </div>
            <div class="requtwo">
                <div class="requzuo"></div>
                <div class="requyou">
                    <p class="requyou_title"> 工厂二 </p>
                    <li class="requyou_inf ">
```

```
                <span class="requyou_infleft"> 实时负荷 </span>
                <span class="requyou_infright">140kW</span>
            </li>
            <li class="requyou_inf ">
                <span class="requyou_infleft"> 本日累计耗电量 </span>
                <span class="requyou_infright">1890kWh</span>
            </li>
            <li class="requyou_inf ">
                <span class="requyou_infleft"> 本日累计响应电量 </span>
                <span class="requyou_infright">210kWh</span>
            </li>
        </div>
    </div>
    <!-- 图片显示的弹出框 -->

  </div>
</div>
```

图 2-38　工厂图效果

第四步：表格分析收入。

使用表格展示在指定月份本期收入与同期收入的对比，并展示与同期相比，本期采用了什么样的策略优化。代码如 CORE0203 所示。效果如图 2-39 所示。

代码 CORE0203：收入分析

```
<div class="sy_info">
    <div class="sy_info_left lindianjia">
        <p> 年收入目标：<span>5743</span> W <br>
          月收入目标：<span>478</span> W</p>
```

```
        </div>
        <div class="sy_info_right">
          <div class="sy_info_one">
            <p>
              当 <br> 前 <br> 收 <br> 入 <br> 统 <br> 计
            </p>
          </div>
          <div class="sy_info_three">
            <table>
              <tr>
                    <td rowspan="2">2019 年 5 月：<span class="shoudanxuan"></
span><br> 收入统计 </td>
                <td> 本期 :<span class="shoudanxuan"></span></td>
                <td> 预期收入：184kW</td>
                <td> 本月累计收入天数：27 天 </td>
                <td> 本月累计收入：192kW</td>
              </tr>
              <tr>
                <td> 同期 :<span class="shoudanxuan"></span></td>
                <td> 预期收入：150kW</td>
                <td> 本月累计收入天数：24 天 </td>
                <td> 本月累计收入：159kW</td>
              </tr>
            </table>
            <div class="clear"></div>
          </div>
          <div class="sy_info_four">
            <p> 当前方案下已运行的 :
              <br>01、设备维护
              <br>02、节约能耗
              <br>03、降低成本
            </p>
          </div>
          <div class="clear">
          </div>
        </div>
        <div class="clear"></div>
      </div>
```

图 2-39　收入分析效果

第五步：使用 Tableau 柱状图分析收入。

（1）创建计算字段

将数据导入，单击维度右侧的下拉菜单，并选择“创建计算字段 ...”，如图 2-40 所示。在“创建计算字段”对话框中分别创建代码“同期成本（万）”以及“本期成本（万）”两个字段，效果如图 2-41 和图 2-42 所示，代码如下。

```
// 创建同期成本（万）字段
IF [ 指标 ] = ' 同期 ' THEN [ 成本（万）]
ELSE 0
END

// 创建本期成本（万）字段
IF [ 指标 ] = ' 本期 ' THEN [ 成本（万）]
ELSE 0
END
```

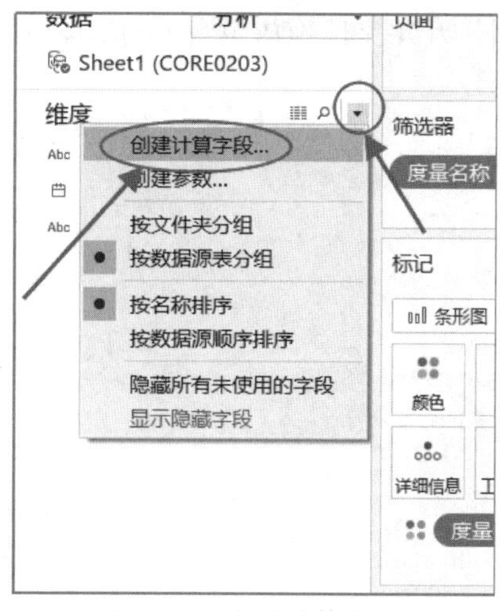

图 2-40　创建计算字段

图 2-41 创建“同期成本(万)”字段

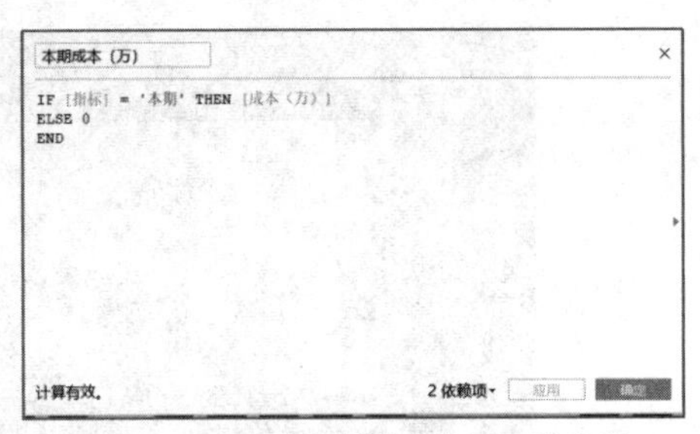

图 2-42 创建“本期成本(万)”字段

（2）将字段拖放至行与列功能区

将“日期”字段拖放至列功能区，将“同期成本（万）”和“本期成本（万）”两个字段分别拖放至行功能区，效果如图 2-43 所示。

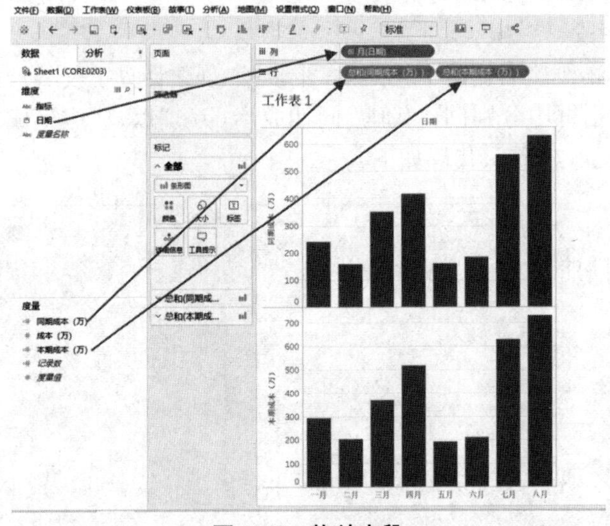

图 2-43 拖放字段

（3）调整柱状图

将行功能区中“本期成本（万）”字段拖放至“同期成本（万）”字段的轴上，如图 2-44 所示，拖放后效果如图 2-45 所示。

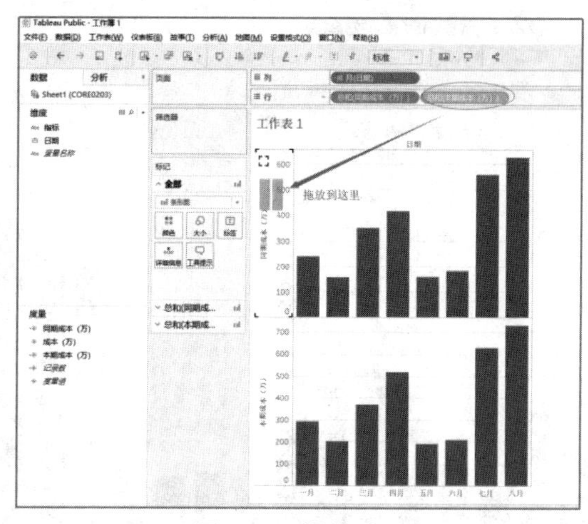

图 2-44　拖放过程

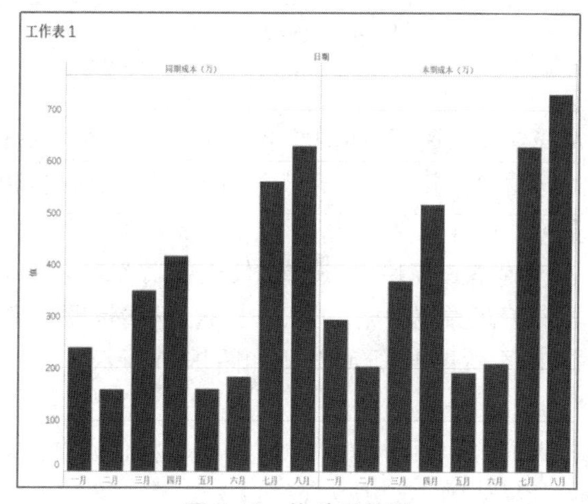

图 2-45　拖放后效果

调整列功能区中两个字段的先后顺序，如图 2-46 所示，调整后效果如图 2-47 所示。

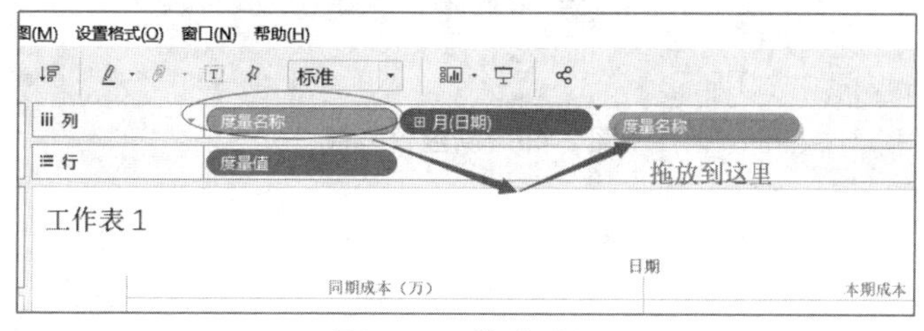

图 2-46　拖放过程

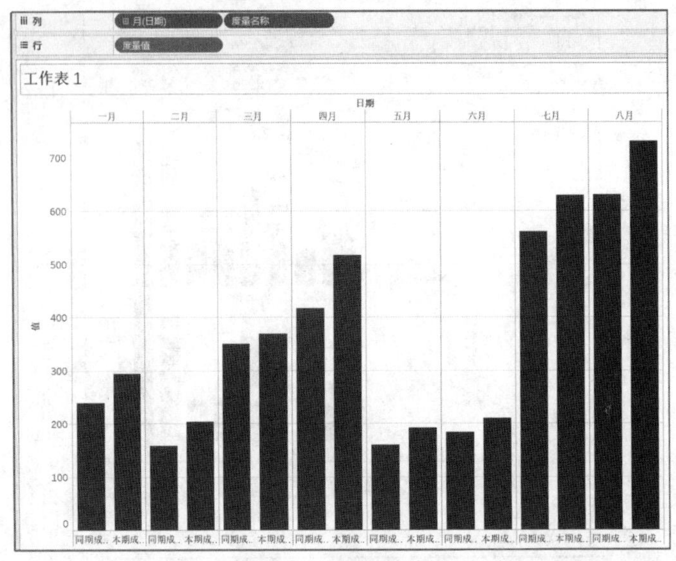

图 2-47 拖放后效果

(4)设置柱状图样式

打开仪表板模块,选择新建仪表板,如图 2-48 所示。然后在左下角切换到浮动模式,将上述创建完成的柱状图拖到右侧,并调整至适当的宽度,效果如图 2-49 所示。

注:可将多个工作表同时拖放至仪表板,只需更改布局即可。

设置仪表板格式,在设置格式模块中,选择"仪表板",将仪表板阴影设置成黑色;选择"阴影",将工作簿的默认颜色设置为"无"。双击标题,编辑标题文字描述并将字体颜色改为白色加粗。双击度量名称更改图形颜色,效果如图 2-50 所示。

(5)生成代码

保存后,点击分享按钮,生成代码,如图 2-51 所示。将代码插入收入分析柱状图区域,代码如 CORE0204 所示,效果如图 2-52 所示。

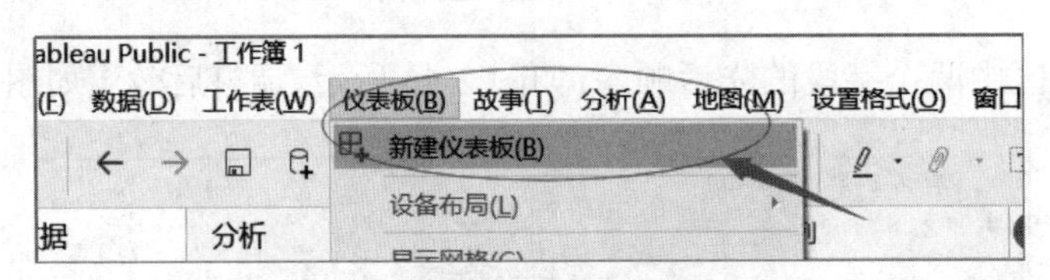

图 2-48 新建仪表板

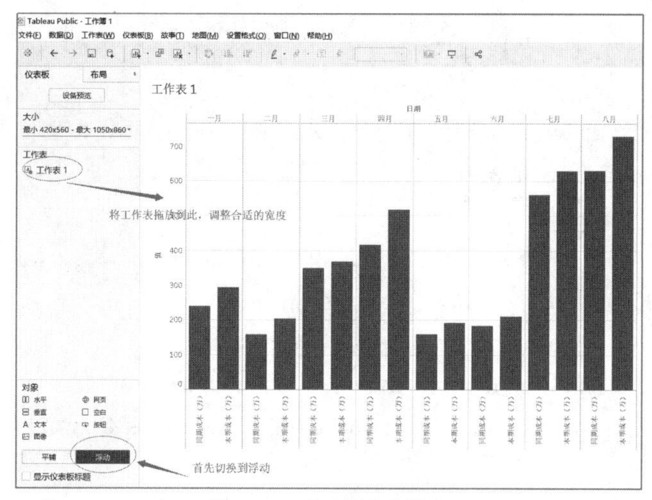

图 2-49　切换浮动模式

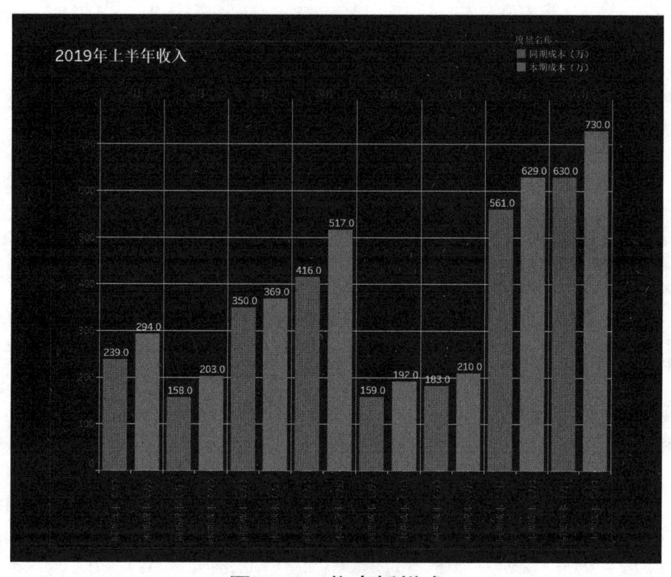

图 2-50　仪表板样式

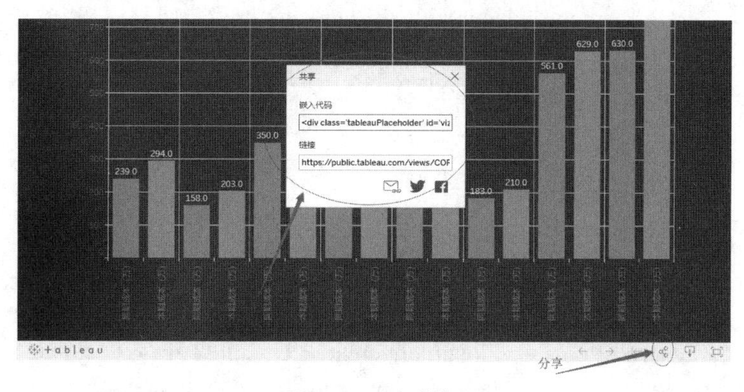

图 2-51　生成代码

代码 CORE0204：收入分析柱状图

```
<div class="Columnar">
    <div class='' id='viz1561532896250' style='position: relative'>
            <noscript><a href='#'>
              <img alt=' '
                src='https:&#47;&#47;public.tableau.com&#47;static&#47;images&#47
;CO&#47;CORE0203&#47;1_1&#47;1_rss.png'
                style='border: none'/></a></noscript>
            <object class='tableauViz' style='display:none;'>
                    <param name='host_url' value='https%3A%2F%2Fpublic.tableau.
com%2F'/>
              <param name='embed_code_version' value='3'/>
              <param name='site_root' value=''/>
              <param name='name' value='CORE0203&#47;1_1'/>
              <param name='tabs' value='no'/>
              <param name='toolbar' value='yes'/>
              <param name='static_image'
                 value='https:&#47;&#47;public.tableau.com&#47;static&#47;images&
#47;CO&#47;CORE0203&#47;1_1&#47;1.png'/>
              <param name='animate_transition' value='yes'/>
              <param name='display_static_image' value='yes'/>
              <param name='display_spinner' value='yes'/>
              <param name='display_overlay' value='yes'/>
              <param name='display_count' value='yes'/>
              <param name='filter' value='publish=yes'/>
            </object>
          </div>
          <script type='text/javascript'>
            var divElement = document.getElementById('viz1561532896250');
            var vizElement = divElement.getElementsByTagName('object')[0];
            vizElement.style.minWidth = '420px';
            vizElement.style.maxWidth = '1050px';
            vizElement.style.width = '100%';
            vizElement.style.minHeight = '387px';
            vizElement.style.maxHeight = '887px';
            vizElement.style.height = (divElement.offsetWidth * 0.75) + 'px';
            var scriptElement = document.createElement('script');
            scriptElement.src = 'https://public.tableau.com/javascripts/api/viz_v1.js';
```

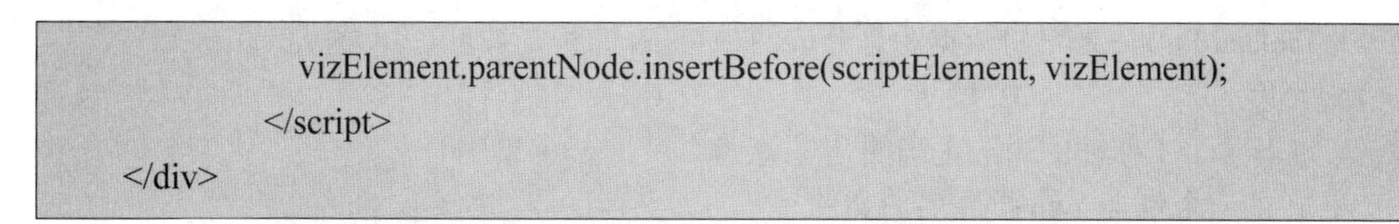

```
            vizElement.parentNode.insertBefore(scriptElement, vizElement);
        </script>
</div>
```

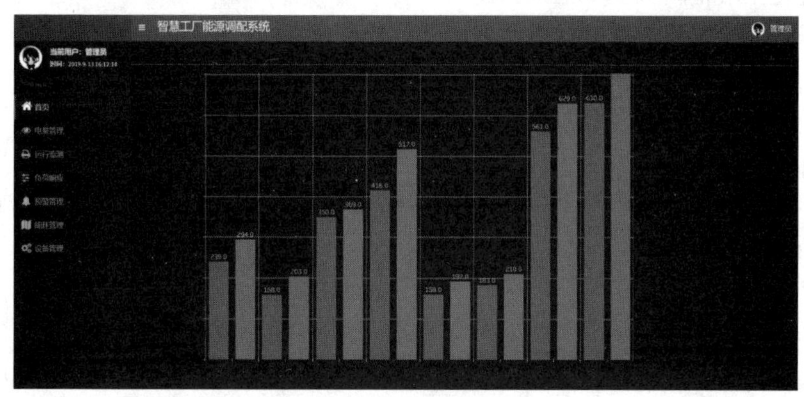

图 2-52　收入分析柱状图

至此，智慧工厂能源系统首页模块界面制作完成。

本项目通过对智慧工厂首页模块的学习，对 Tableau 安装与发布具有初步了解，掌握使用 Tableau 绘制图表的方法，具有使用 Tableau 绘制柱状图、直方图的能力，为以后绘制更复杂的图表打下基础。

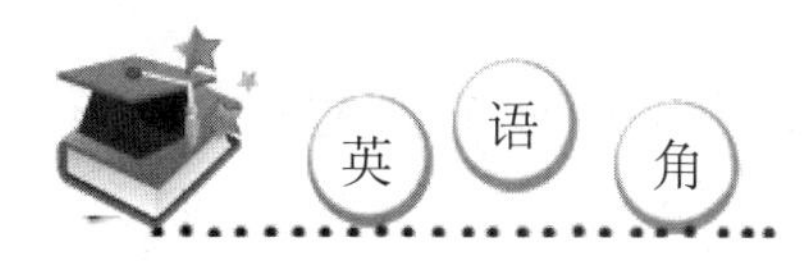

access	访问	noise	噪声
desktop	桌面	resource	资源
explore	探索	agreement	协议
frequent	频繁	tutorial	教程

一、选择题

1.（　　）模块里面主要包含了 Tableau Public 的使用教程。

A. 探索　　B. 打开　　C. 链接

2.（　　）显示有关 Tableau Public 连接数据源的详细信息。

A. 左侧窗格　　B. 画布　　C. 网格

3. Tableau Public 通常将数据源划分成两种类型，一种是纬度，另一种是（　　）。

A. 经度　　　　B. 度量　　　　C. 长度

4. 以下关于工作簿的说法正确的是（　　）。

A. 它是一个包含 .twb 扩展名的文件

B. 通过将字段拖动到货架上来创建

C. 可以分配给字段或维度成员的备用名称

D. 它们是视图左侧和顶部的命名区域

5. 以下说法错误的是（　　）。

A. Tableau 是一种商业智能软件，允许任何人连接到相应的数据

B.“数据源”页面通常由四个主要区域组成：左窗格、画布、预览区域和元数据区域

C. Tableau Reader 是一个免费查看应用程序

D. Tableau 将包含定性、类别信息的任何字段视为维度

二、填空题

1.__________可以连接一个或多个数据源，可以轻松地对多数据源进行分析，具有易上手、分析强大、独立自助等特点。

2. 双击“Tableau Public”，进入“开始”界面。Tableau Public 的开始界面由三个模块组成：__________、“打开”和__________。

3.Tableau“连接”模块分为两类连接，一种是连接“到文件”，另一种是连接__________。

4. 连接“到文件”：可以连接存储在 Microsoft Excel 文件、__________、JSON 文件、Microsoft Access 文件、PDF 文件、空间文件和统计文件等中的数据源。

5.__________可以查看数据源中的字段和前 1 000 行数据，还可对 Tableau Public 数据源进行修改，如排序字段、显示别名、显示隐藏字段等。

三、上机题

按要求使用 Tableau 绘制图表。

要求：①在左侧筛选器区域，有了几个选项，这样就可以使用右侧的筛选器进行筛选，比如在下图中选择东北和华北区域，图中就会展现对应的数据；

②按照产品类别和区域来展现销售额和利润额。

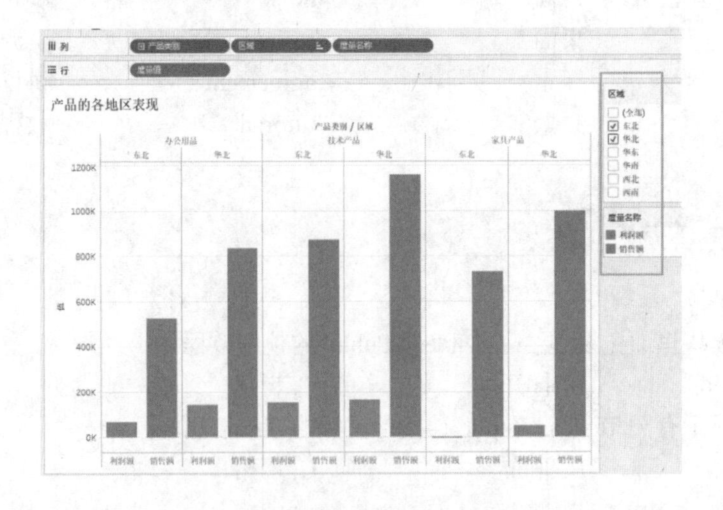

项目三　基于 Tableau 实现智慧工厂电量管理模块

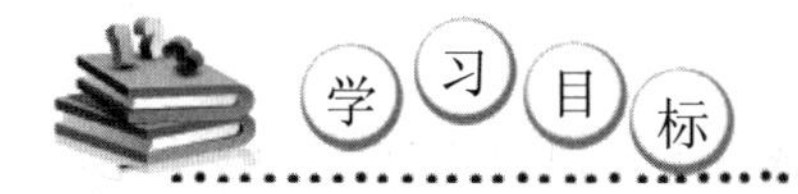

通过实现智慧工厂电量管理模块界面，了解折线图、韦恩图、帕累托图的应用场景，学习使用 Tableau 绘制图表的方法，掌握使用 Tableau 绘制图表的技能，具有使用 Tableau 绘制图表的能力。在任务实现过程中：

- 了解折线图、韦恩图、帕累托图的应用场景；
- 学习使用 Tableau 绘制图表的方法；
- 掌握使用 Tableau 绘制图表的技能；
- 具有使用 Tableau 绘制图表的能力。

课程思政

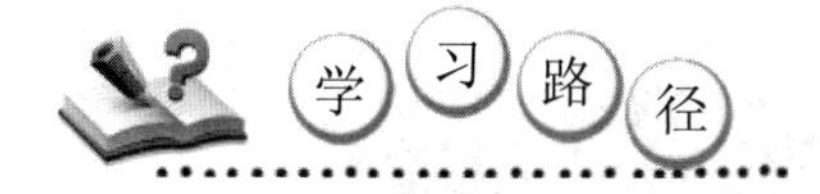

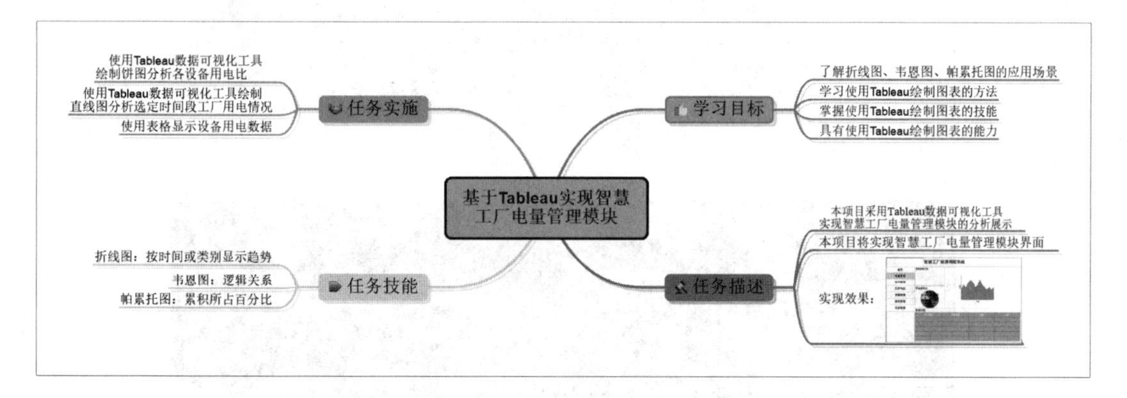

【情境导入】

电是现代社会发展的原动力，各种类型工厂的正常运作都需要电。在正常情况下，发电厂提供的电对于工厂来说没有任何问题，但是当工厂将所有大型设备全部开启时，用电需求就会过高，会给供电设施造成压力，进而会出现断电，致使工厂不能正常工作。本项目采用Tableau数据可视化工具实现智慧工厂电量管理模块的分析展示。

【功能描述】

本项目将实现智慧工厂电量管理模块界面。

- 使用Tableau数据可视化工具绘制饼图分析各设备用电比。
- 使用Tableau数据可视化工具绘制直线图分析选定时间段工厂用电情况。
- 使用表格显示设备用电数据。

【基本框架】

基本框架如图3-1所示，通过本项目的学习，能将框架图3-1转换成智慧工厂电量管理模块，效果如图3-2所示。

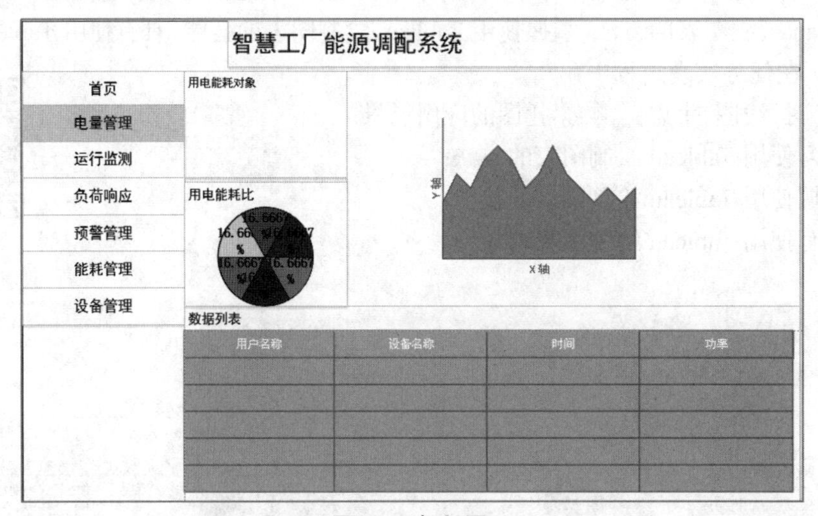

图3-1　框架图

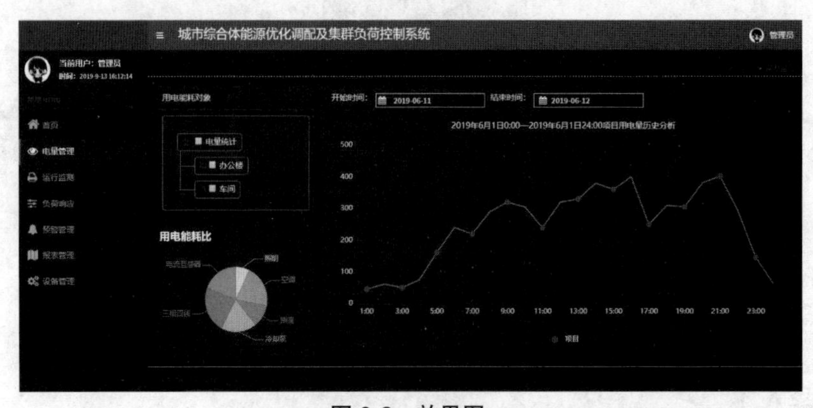

图3-2　效果图

技能点一　折线图:按时间或类别显示趋势

通常数据的增减变化以折线的上升和下降起伏方式展示，这种统计数据的方式被称为折线统计图。折线统计图不仅能够清晰地表示数量，而且可以反映数据的增减变化情况，因此非常适用于显示相等时间间隔数据的趋势。

1. 折线图数据特点

折线图在生活中应用非常普遍，适合二维的多数据集，具有显示数据变化趋势、反映事物变化等特点。以下为折线图应用场景。

(1)天气变化

天气软件以折线图的方式为用户清晰地展示未来 15 天的天气变化，并附有描述，使用户一目了然，如图 3-3 所示。

图 3-3　变化趋势

(2)人流量走势

欢乐谷工作人员通过折线图分析一天内不同时间的人流量走势，从图 3-4 中可以清晰地看出当天在 6:00—16:00 人流量呈上升趋势，且在 16:00 时人流量达到最高。

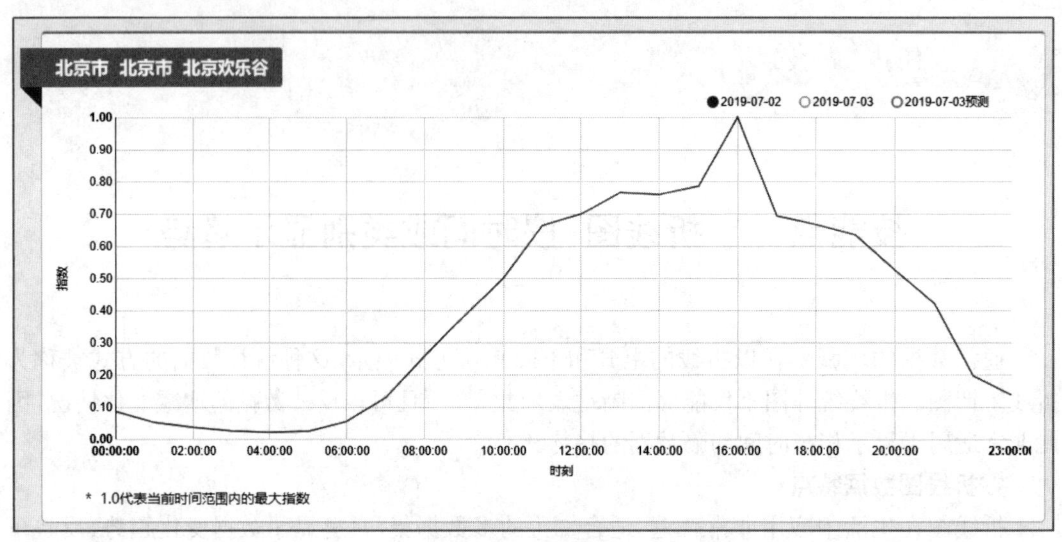

图 3-4　人流量走势

2. 折线图的使用

现如今很多工业都会用到空压机，但是在设备运行时，温度会对该设备造成很大的影响。因此对温度的监控是必不可少的。如图 3-5 所示是该企业对空压机周围环境温度的监控数据统计分析折线图。可以直观地看出在 2：00—3：00、5：00—6：00 以及 13：00—15：00 时间段中温度呈上升趋势。

图 3-5 中横轴显示时间数据，纵轴显示温度数据。当周围温度达到能够损害设备时，工作人员可及时做降温处理。

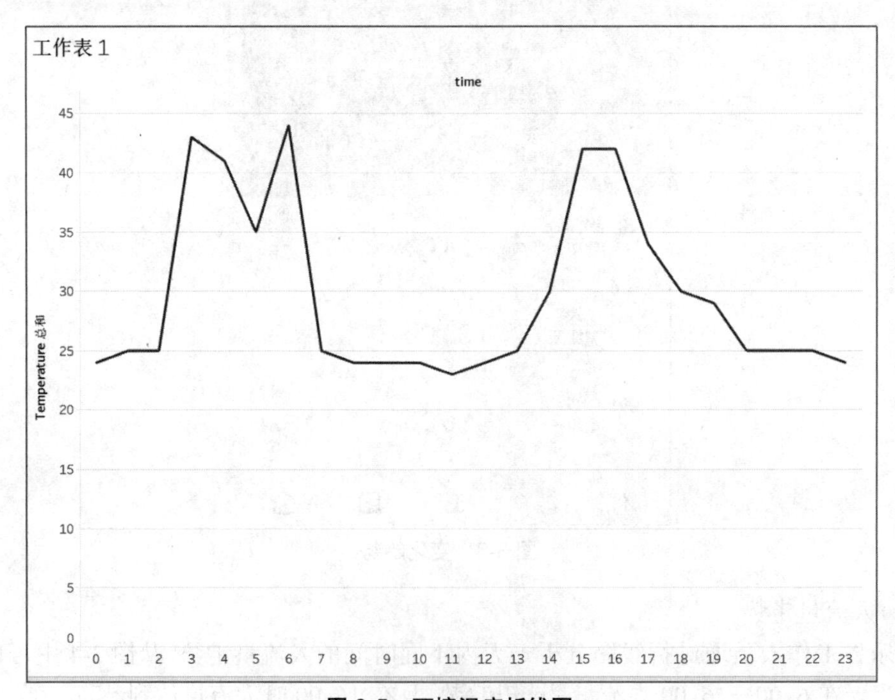

图 3-5　环境温度折线图

第一步:准备数据(模拟数据)。

该工厂对设备周围温度 24 小时监控的数据如图 3-6 所示。

Temperature	id	time
24.5	0	00:00
25	1	01:00
25	2	02:00
43	3	03:00
41	4	04:00
35	5	05:00
44	6	06:00
25	7	07:00
24.5	8	08:00
24.5	9	09:00
24.5	10	10:00
23	11	11:00
24	12	12:00
25	13	13:00
30	14	14:00
42	15	15:00

图 3-6　模拟数据

第二步:更改数据类型。

右击“Temperature”字段,点击“更改数据类型”,选择“数字(整数)”类型,如图 3-7 所示。右击“time”字段,点击“更改数据类型”,选择“日期和时间”类型,如图 3-8 所示。

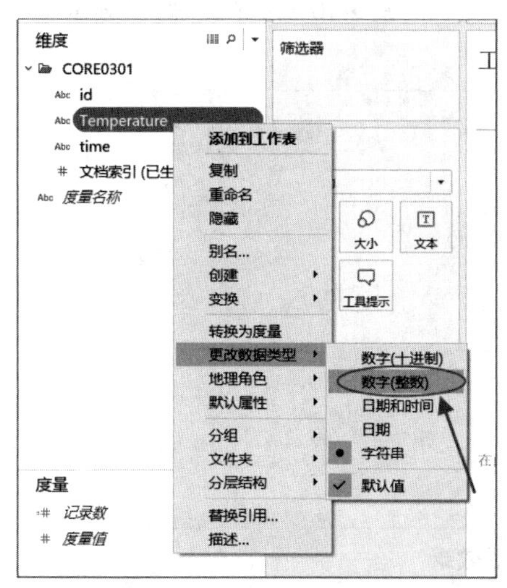

图 3-7　“数字(整数)”类型

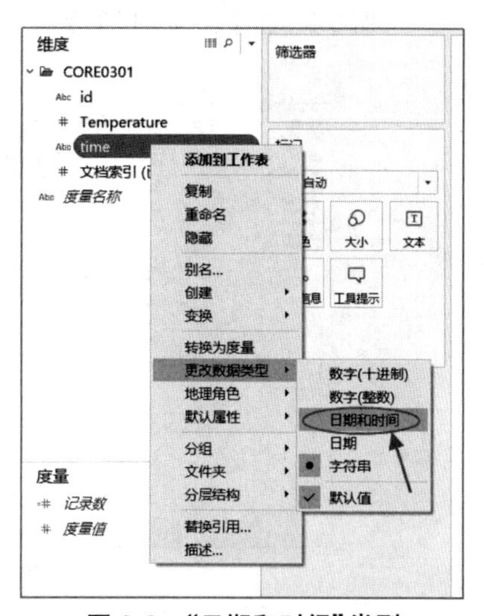

图 3-8　“日期和时间”类型

第三步:将字段拖放至行与列功能区。

将“time”字段拖放至列功能区，将“Temperature”字段拖放至行功能区，右击“time”字段，选择以“小时”显示，如图 3-9 所示。然后使“Temperature”字段以总和显示，如图 3-10 所示。选择后效果如图 3-11 所示。

快来扫一扫！

提示：当对 Tableau 软件的下载、数据分析有一定了解后，你是否对使用 Tableau 绘制常用图表——饼图好奇。扫描图中二维码，获得更多信息。

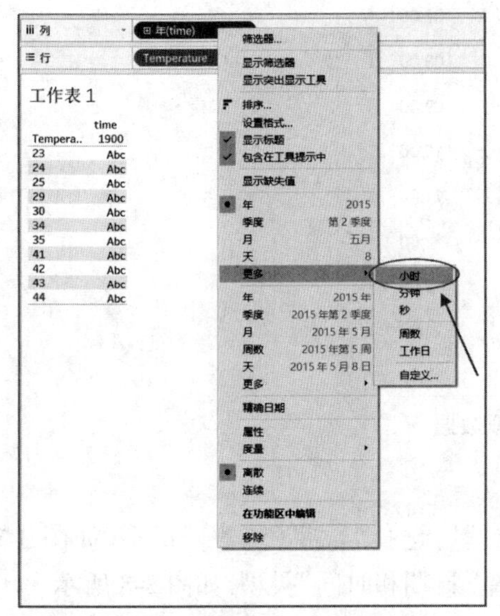

图 3-9 选择以“小时”显示

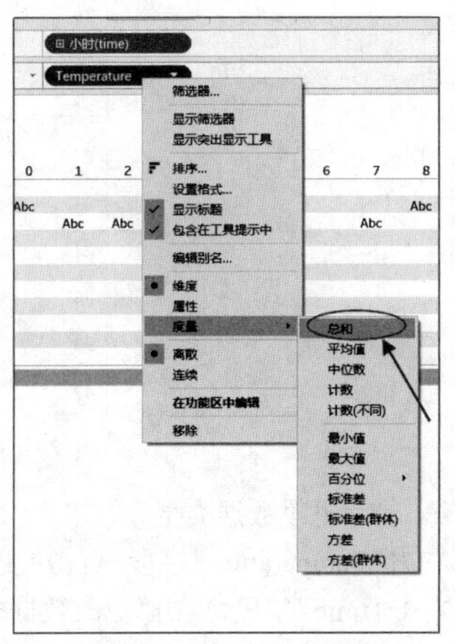

图 3-10 选择以“总和”显示

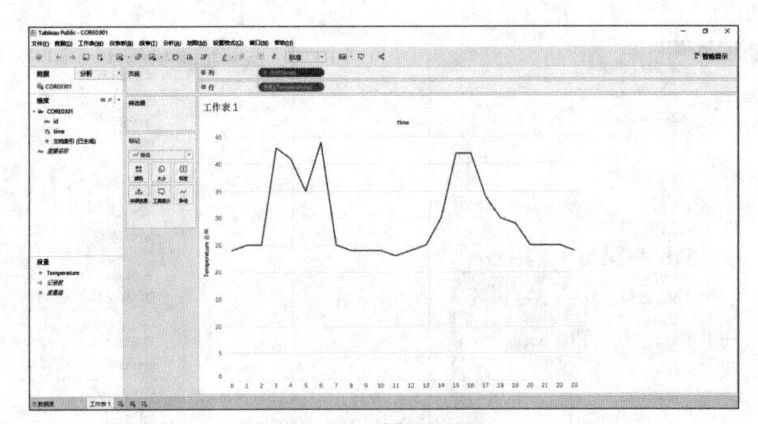

图 3-11 选择后效果

技能点二　韦恩图:逻辑关系

韦恩图,也叫文氏图,常常用来分析不同事物的数据集之间的逻辑关系,主要采用重叠区域方式进行展示,适用于展示集合或类之间的大致关系。其具有直观、信息量大等特点,对用户分析具有启发性作用。

1. 韦恩图数据特点

韦恩图是关系型图表,数据集之间的逻辑关系采用图形与图形之间的层叠关系表示。韦恩图主要分为三个部分:两个或两个以上的数据集(圆形),数据集之间的重叠部分(公有集合)以及集合上显示的文本标签。以下为韦恩图应用场景。

超市人员为了方便统计客户购买商品类别,通过韦恩图实现不同类别商品的逻辑关系。如图 3-12 所示,可以看出分别购买这两个商品的人数以及同时购买这两个商品的人数。

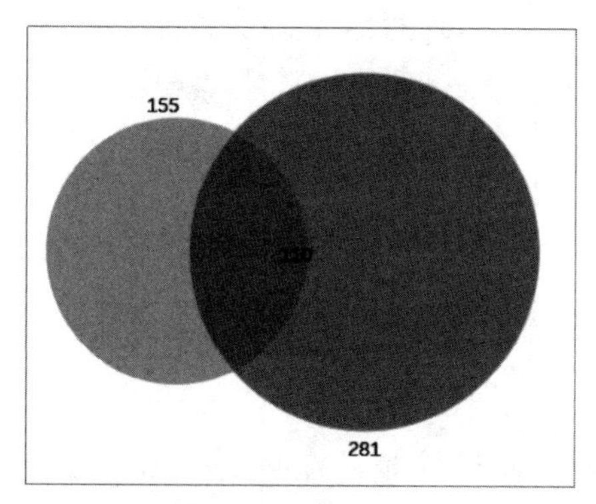

图 3-12　类别关系

2. 韦恩图的使用

通过图 3-13 可以看出具有三相四线设备的工厂有 6 个,具有冷却泵设备的工厂有 8 个,在这些工厂中,既有三相四线设备,又有冷却泵设备的工厂有 4 个。

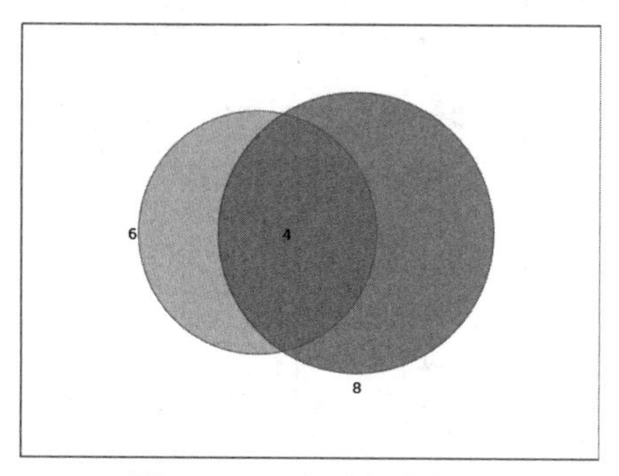

图 3-13　设备分析韦恩图

如图 3-13 所示,通过“创建集”分别创建“三相四线”数据集、“冷却泵”数据集以及“冷却泵和三相四线”合并集,然后对这几个数据进行操作,实现分析两个数据集的韦恩图,为了实现图 3-13 效果,具体步骤如下。

第一步：准备数据（模拟数据）。

数据如图 3-14 所示。

id	工厂名称	类别
1	工厂一	三相四线
2	工厂二	冷却泵
3	工厂三	三相四线
4	工厂三	冷却泵
5	工厂四	三相四线
6	工厂四	冷却泵
7	工厂五	三相四线
8	工厂六	冷却泵
9	工厂七	冷却泵
10	工厂八	三相四线
11	工厂八	冷却泵
12	工厂九	冷却泵
13	工厂十	三相四线
14	工厂十	冷却泵

图 3-14 模拟数据

第二步：创建集。

右击“类别”字段，选择“创建”→“集”，如图 3-15 所示，打开“创建集”对话框。

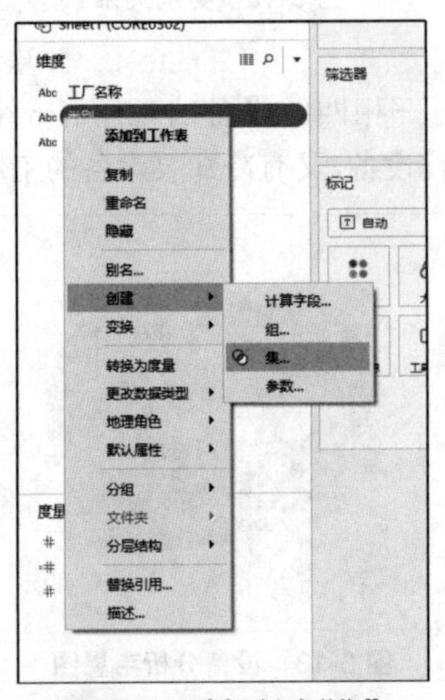

图 3-15 选择创建“集”

在“创建集”对话框中创建“冷却泵”数据集。更改集名称为“冷却泵”并选择“冷却泵”为搜索文本，如图 3-16 所示。之后使用相同操作创建“三相四线”数据集。

注：如若想操作多个数据集可以此类推。

第三步：创建“冷却泵和三相四线”合并集。

右击“工厂名称”字段，选择“创建”→“集”，在“创建集”对话框中切换到“条件”选项卡，并在公式栏中输入如下公式（公式不区分大小写），如图 3-17 所示。

```
SUM(IF [ 类别 ]="冷却泵" then 1 end)>0
and
SUM(IF[ 类别 ]="三相四线" then 1 end)>0
```

图 3-16　“冷却泵”数据集

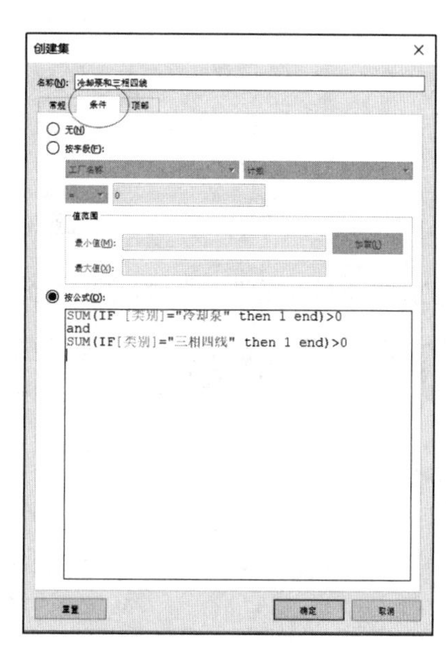

图 3-17　合并集

第四步：创建计算字段。

单击维度右侧的下拉菜单，并选择“创建计算字段 ...”，如图 3-18 所示。

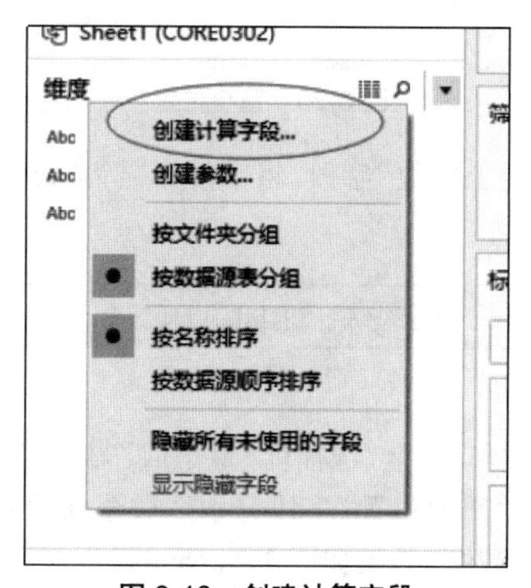

图 3-18　创建计算字段

在“创建计算字段”对话框中创建“外部韦恩图位置”字段，将字段命名为“外部韦恩图位置”，输入如下公式，如图 3-19 所示。

```
COUNTD(IF [ 冷却泵 ] then [ 工厂名称 ] END)
```

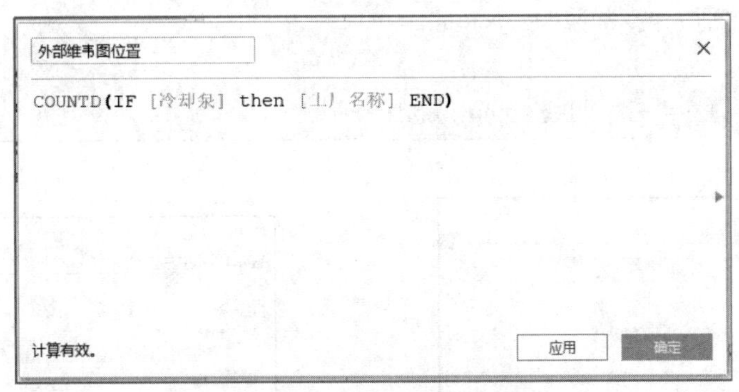

图 3-19 外部韦恩图位置

创建“重叠位置”字段，将字段命名为“重叠位置”，输入如下公式，如图 3-20 所示。

```
[ 外部韦恩图位置 ]/2
```

图 3-20 重叠位置

创建“冷却泵和三相四线工厂数”字段，将字段命名为“冷却泵和三相四线工厂数”，输入如下公式，如图 3-21 所示。

```
COUNTD(IF [ 冷却泵和三相四线 ] = TRUE THEN [ 工厂名称 ] END)
```

第五步：创建视图。

将“记录数”字段拖放至行功能区，选择以“最小值”显示，如图 3-22 所示。

将“外部韦恩图位置”和“重叠位置”字段分别拖放至列功能区，效果如图 3-23 所示，右键单击“重叠位置”并选择“双轴”，效果如图 3-24 所示。

图 3-21　冷却泵和三相四线工厂数

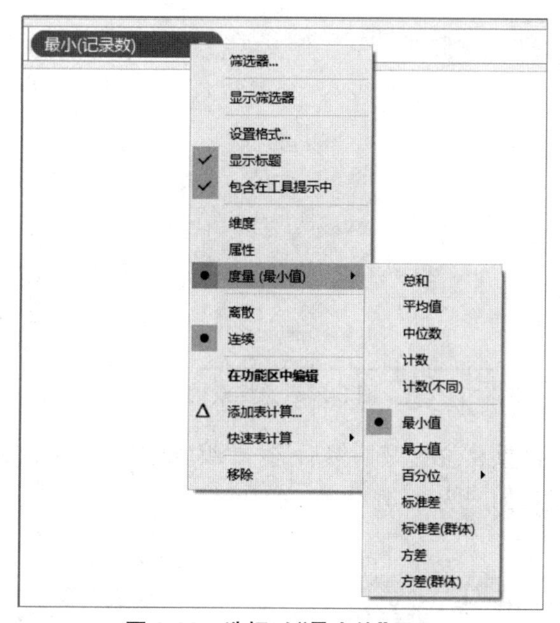

图 3-22　选择以“最小值”显示

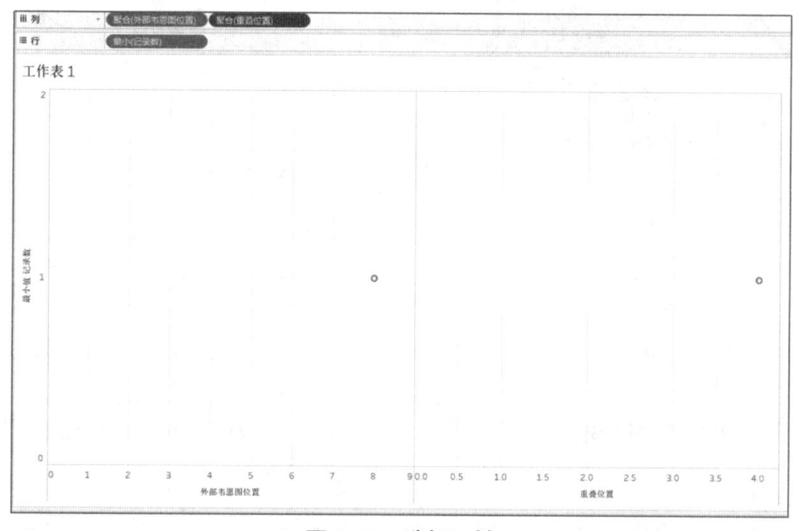

图 3-23　选择双轴

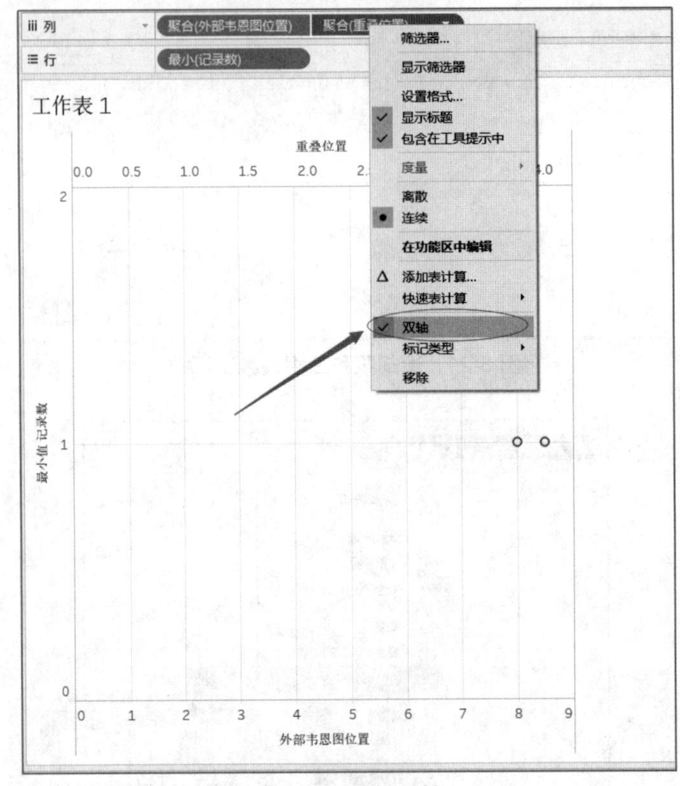

图 3-24 选择双轴

右键单击视图中的“重叠位置”轴，然后选择“编辑轴”，如图 3-25 所示。取消选择“包括零”，然后点击“确定”，如图 3-26 所示。

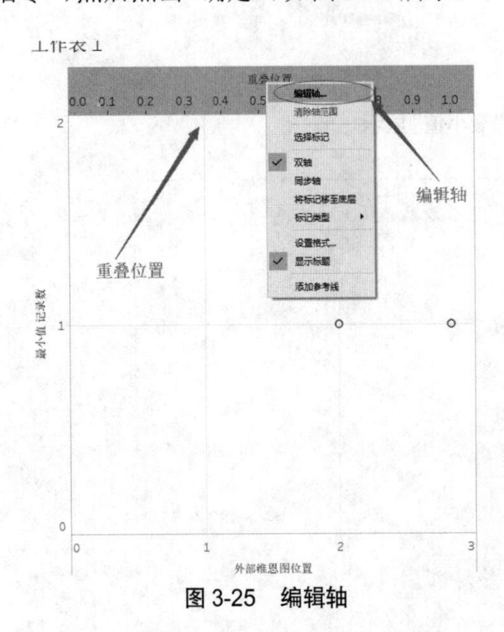

图 3-25 编辑轴

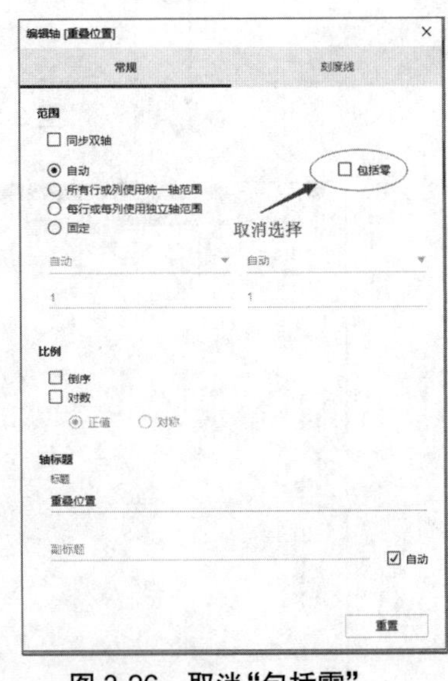

图 3-26 取消“包括零”

(1)更改颜色

通过标记模块中的颜色可更改图形颜色，只需将“类别”字段拖放至“颜色”项即可，如

图 3-27 所示。之后点击“颜色”选项,选择更改的颜色,如图 3-28 所示。

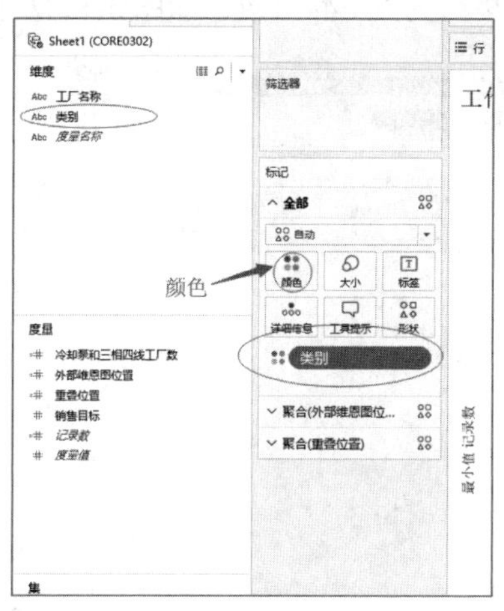

图 3-27　将“类别”拖放至“颜色”

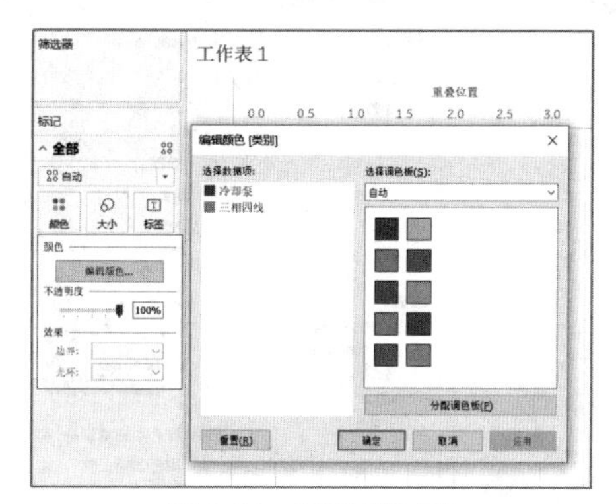

图 3-28　更改“颜色”

当类别项过多时,在颜色图例中,选择“冷却泵”和“三相四线”(按住“Ctrl”键的同时单击这两者),然后选择“只保留”,如图 3-29 所示。

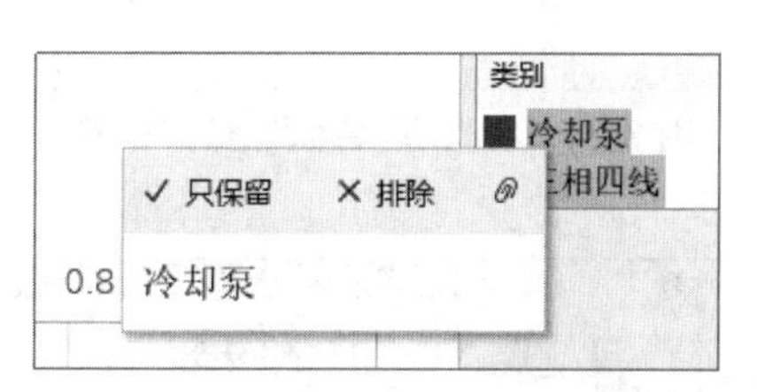

图 3-29　选择“冷却泵”和“三相四线”

右键单击将“工厂名称”拖到“大小”,然后选择“度量”→“计数(不同)”,如图 3-30 所示。

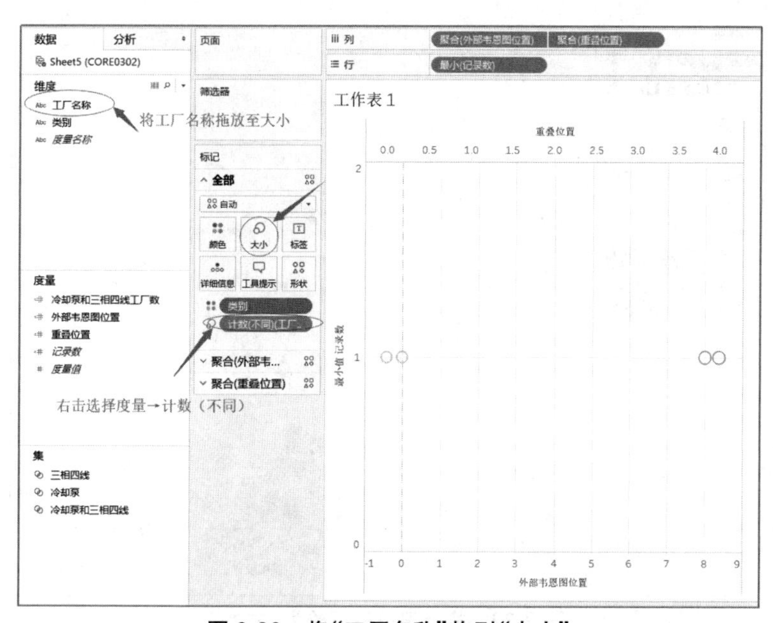

图 3-30　将“工厂名称”拖到“大小”

右键单击将“工厂名称”拖到“标签”，然后选择“度量”→“计数(不同)”，效果如图 3-31 所示，在“聚合(重叠位置)”的标记卡上，将标记类型更改为“文本”，效果如图 3-32 所示。

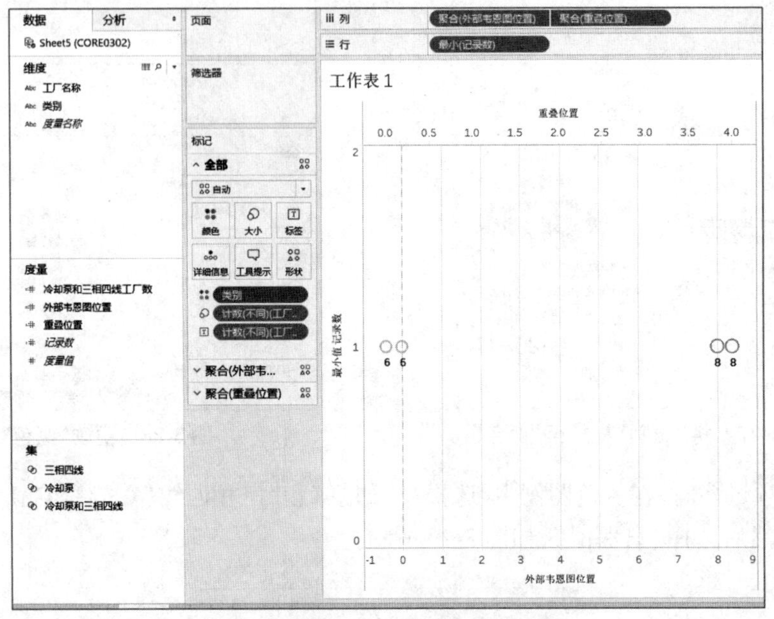

图 3-31 将“工厂名称”拖到“标签”

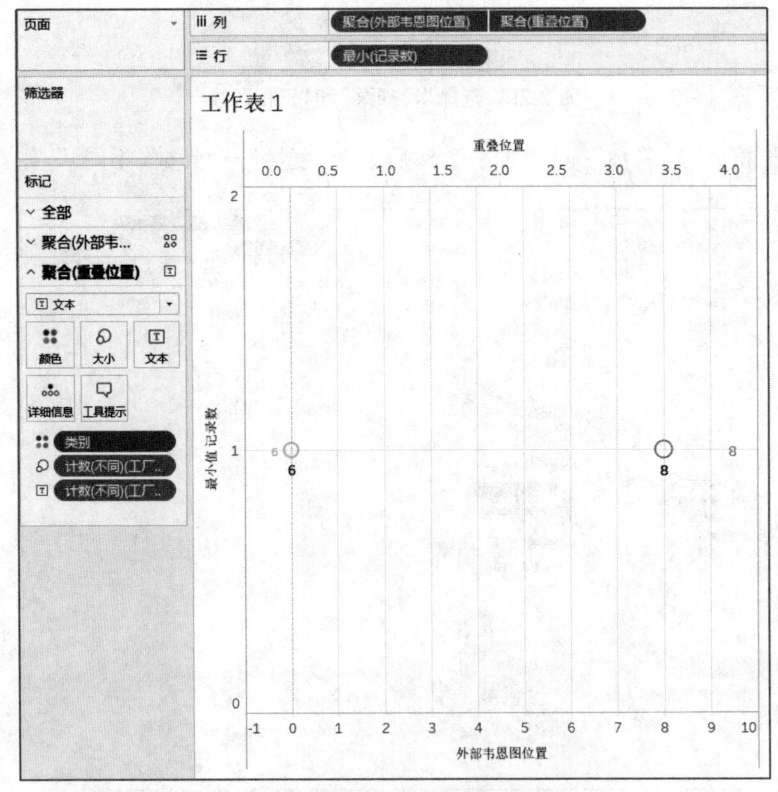

图 3-32 将标记类型更改为“文本”

之后从“颜色”中移除类别，从“大小”中删除“计数(不同)(工厂名称)”，从“文本”中删除“计数(不同)(工厂名称)”，然后将“冷却泵和三相四线工厂数”字段拖到“文本”，效果如图 3-33 所示。

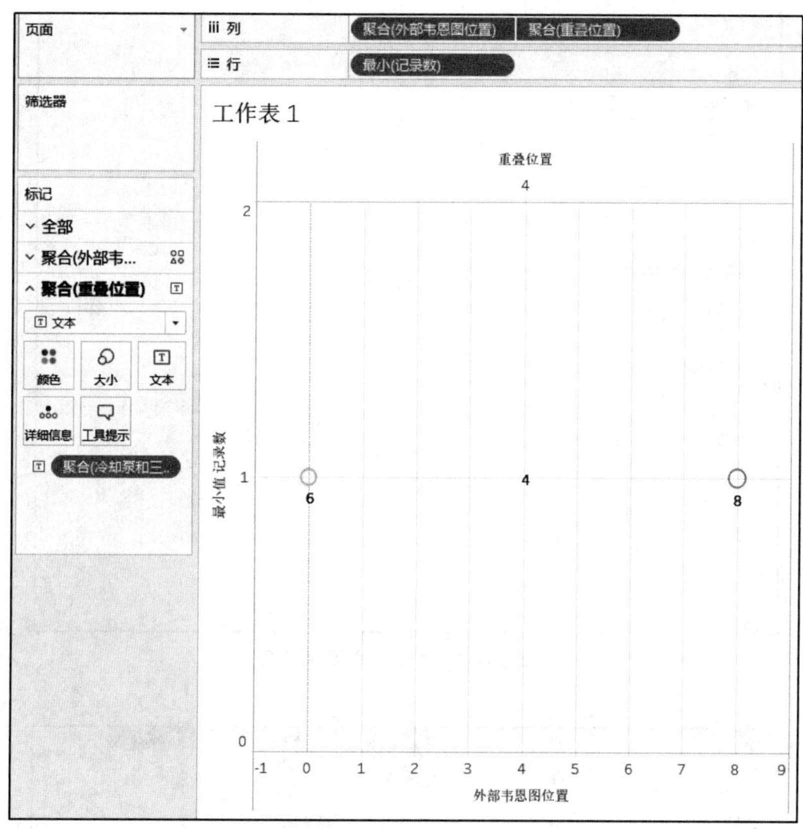

图 3-33　将“冷却泵和三相四线工厂数”字段拖至“文本”

在“外部韦恩图位置”的标记卡上，将标记类型更改为“圆形”，将颜色透明度更改为“(75%)”，并添加边框，效果如图 3-34 所示。

将标记的大小增加到最大值，并调整“外部韦恩图位置”轴，使圆圈重叠，并右键单击列和行功能区中的字段，取消选择“显示标题”，如图 3-35 所示。

单击“设置格式”，分别打开“边框”“线”配置菜单，将“边框”配置菜单中“行分隔符”“列分隔符”设置为无，将“线”配置菜单中网格线和零值线设置为“无”，效果如图 3-36 所示。

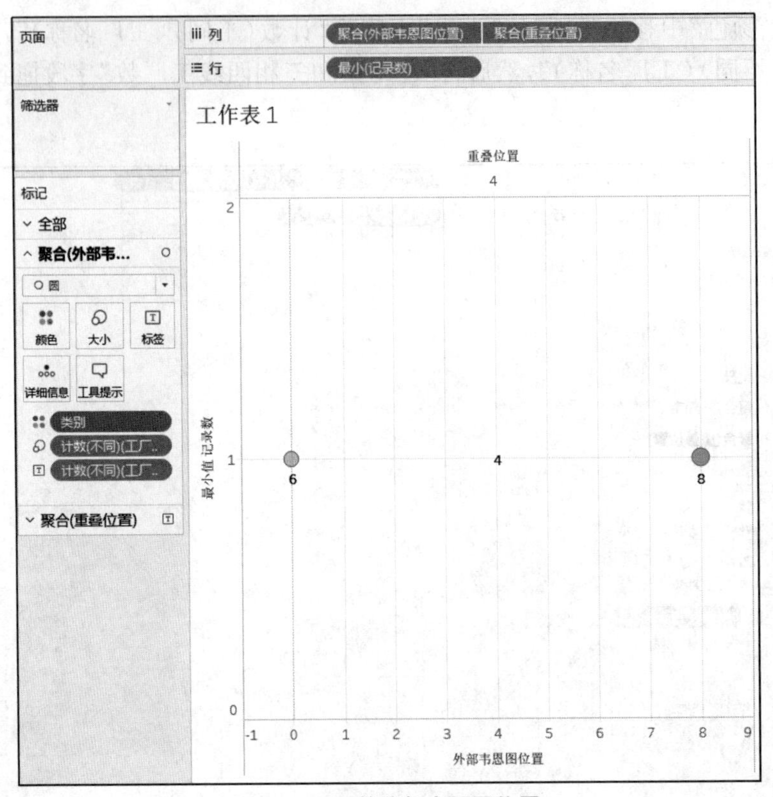

图 3-34　调整外部韦恩图位置

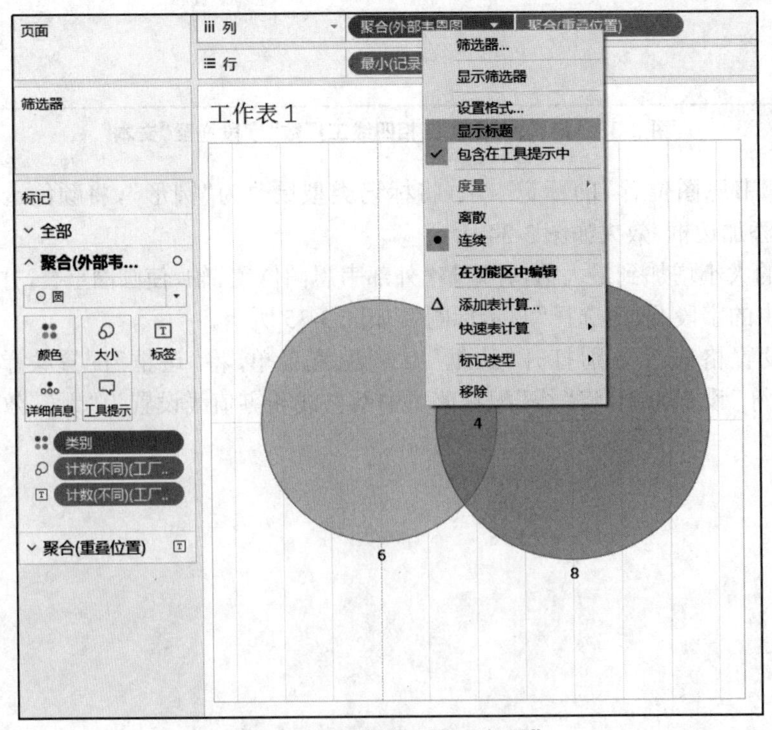

图 3-35　取消选择“显示标题”

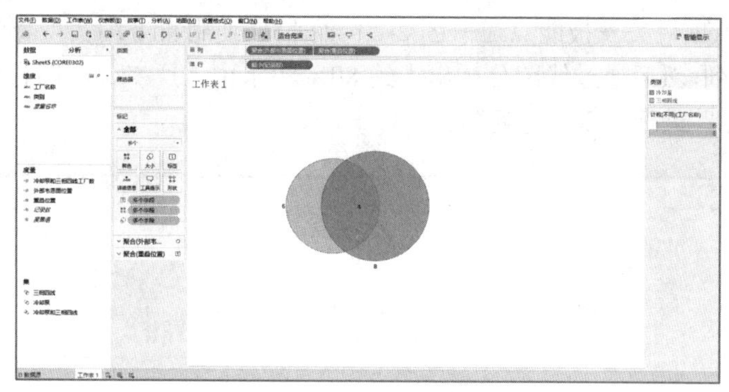

图 3-36　取消标题

技能点三　帕累托图:累积所占百分比

帕累托图,也可称排列图,主次图,或者是按照发生频率顺序的直方图。其主要目的是对有问题的项目、时间等按照重要程度进行依次排列,表示有多少问题结果是由已确认类型的原因所造成,具有快速解决和优化最高到最低数据等特点。

1. 帕累托图数据特点

帕累托图外表类似于弧线,通常采用双直角坐标系表示,横轴与纵轴都是连续度量,其中左边的纵轴表示频数,右边的纵轴表示频率,分析出的结果线表示累计频率,横轴表示影响质量的因素。通过帕累托图可以快速分析影响数据的主要因素。

工厂人员通常采用帕累托图方式调查分析哪些原因造成模具某些不合格。如图 3-37 所示,可以看出大约 80% 的问题由毛刺、缺边、磕碰等问题造成的。

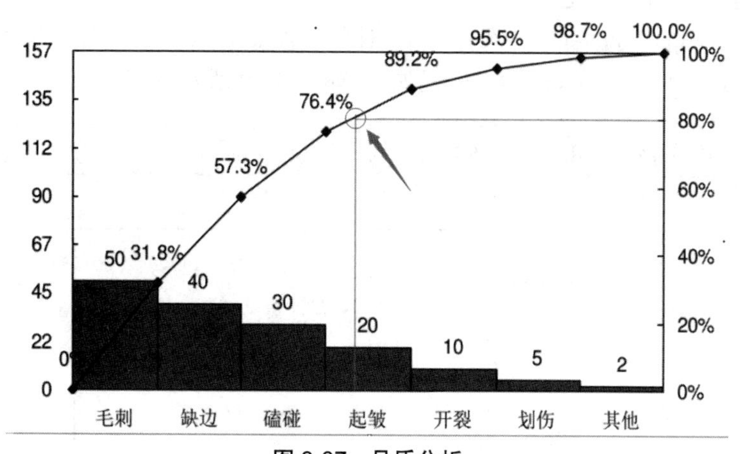

图 3-37　品质分析

2. 帕累托图的使用

通过线性与其他图形的结合可以实现帕累托图,如图 3-38 所示使用直方图与线图结合

（直方图数据采用项目二→技能点三→图 2-29 数据）。使用直方图实现将各工厂总排放量按照大小进行排列，然后通过线图分析出大约 80% 污水由工厂二、三、四、五、六、七、八等排放，需要对这些工厂进行环境紧急处理。

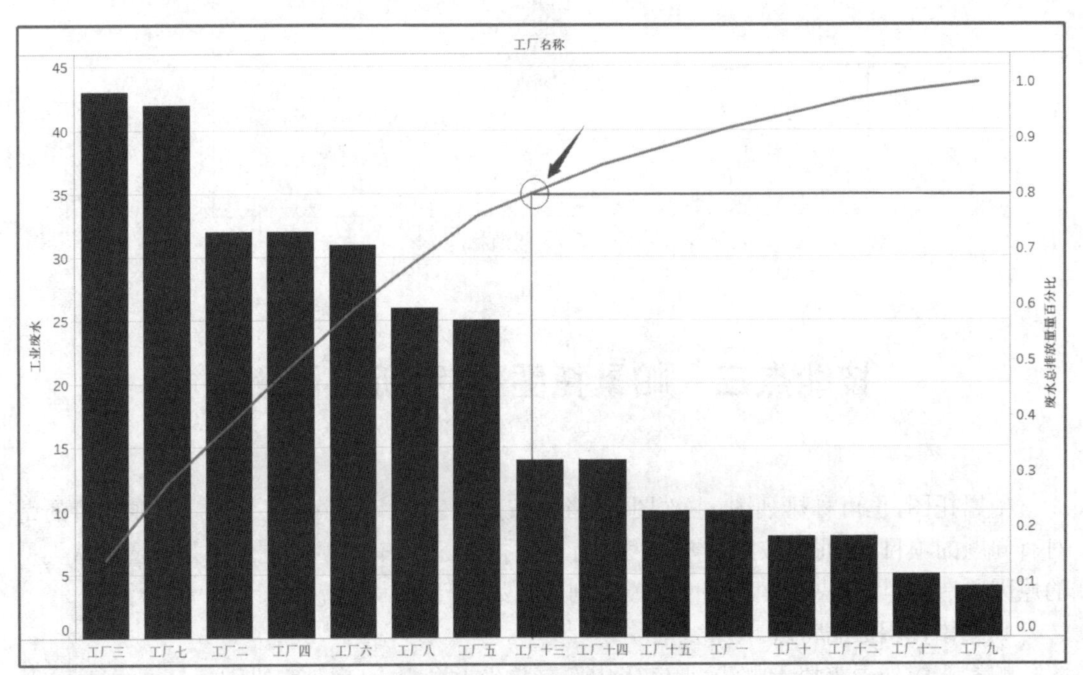

图 3-38　污水监测帕累托图

为了实现图 3-38 效果，具体步骤如下。

第一步：准备数据（模拟数据）。

采用项目二中直方图的模拟数据（图 2-29），并更改数据格式。

第二步，创建累计百分比图。

单击维度右侧的下拉菜单，并选择“创建计算字段 ...”。在“创建计算字段”弹出框中创建“废水总排放量百分比”字段，输入公式如下，如图 3-39 所示。

```
RUNNING_SUM(SUM([ 工业废水 ]))/TOTAL(SUM([ 工业废水 ]))
```

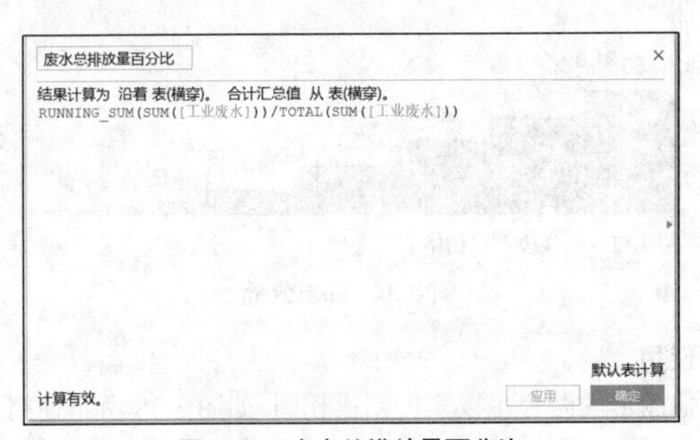

图 3-39　废水总排放量百分比

第三步：将字段拖放至行与列功能区。

将“工厂名称”字段拖放至列功能区，将“废水总排放量百分比”字段拖放至行功能区。右击“废水总排放量百分比”字段，选择“计算依据”→“工厂名称”，目的是显示所有工厂名称，选择视图为“合适宽度”，效果如图 3-40 所示。

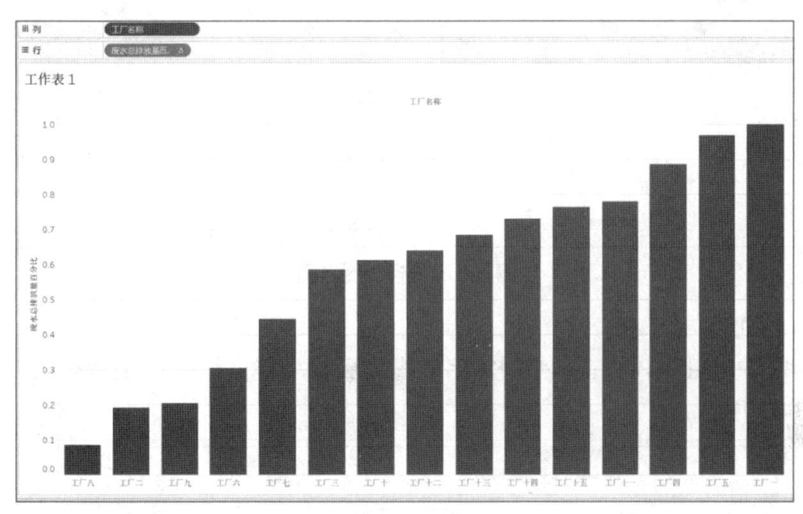

图 3-40　选择后效果

第四步：排序。

右击“工厂名称”字段，选择“排序”，按照“工业废水”字段的“总计”值进行“降序”排序，效果如图 3-41 所示。

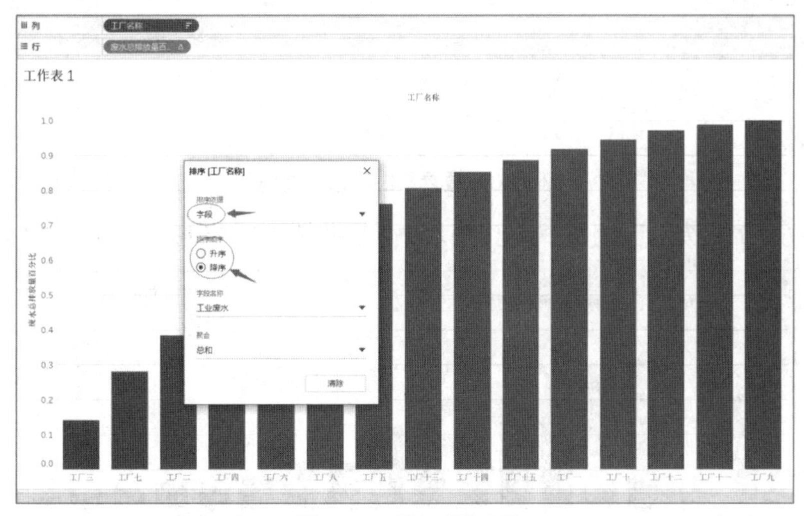

图 3-41　选择“排序”

第五步：选择图形。

在“标记”模块里选择“线”图，实现累计百分比图，效果如图 3-42 所示。

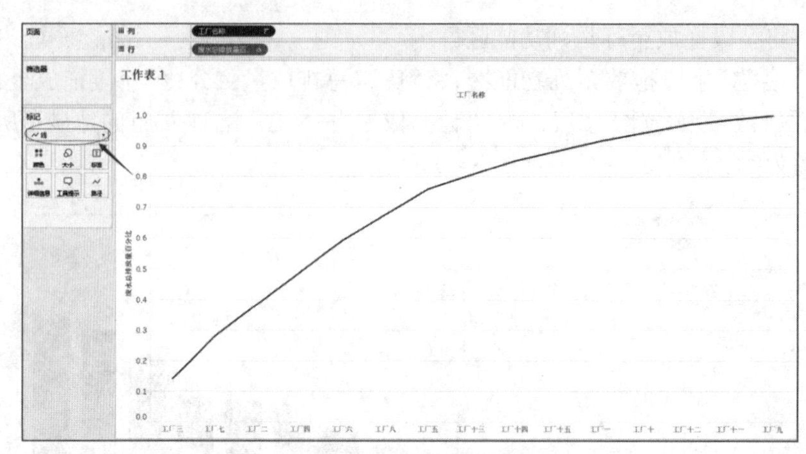

图 3-42　选择“线”图

第六步，创建直方图。

在图 3-42 的基础上，将“工业废水”字段拖放到行功能区，注意“工业废水”字段放在最左侧，如图 3-43 所示。

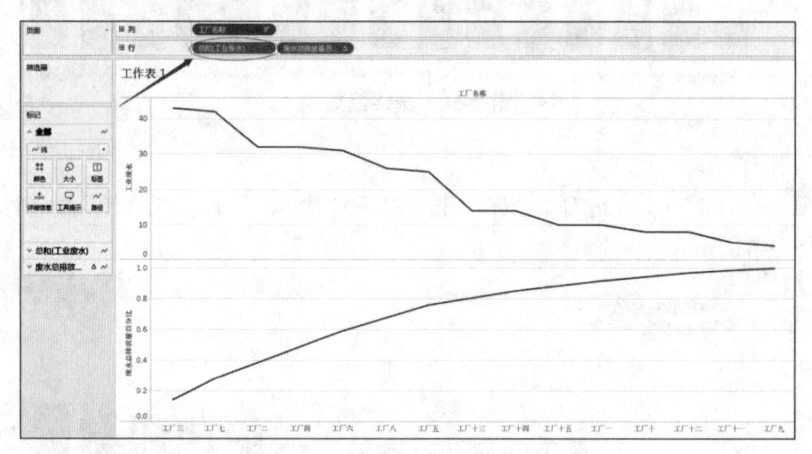

图 3-43　放置“工业废水”字段

单击字段“工业废水”，调整“标记”模块中“工业废水”为条形图，如图 3-44 所示。

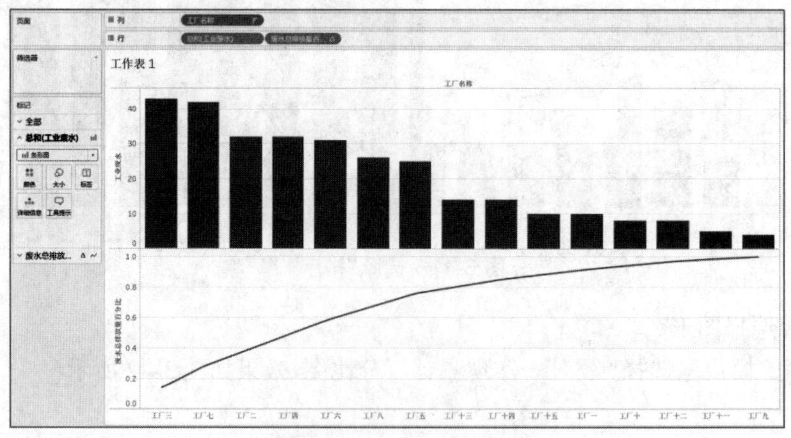

图 3-44　选择“条形图”

右击“废水总排放量量百分比”字段，选择“双轴”，这时两个图形就按双轴合并，效果如图 3-45 所示。

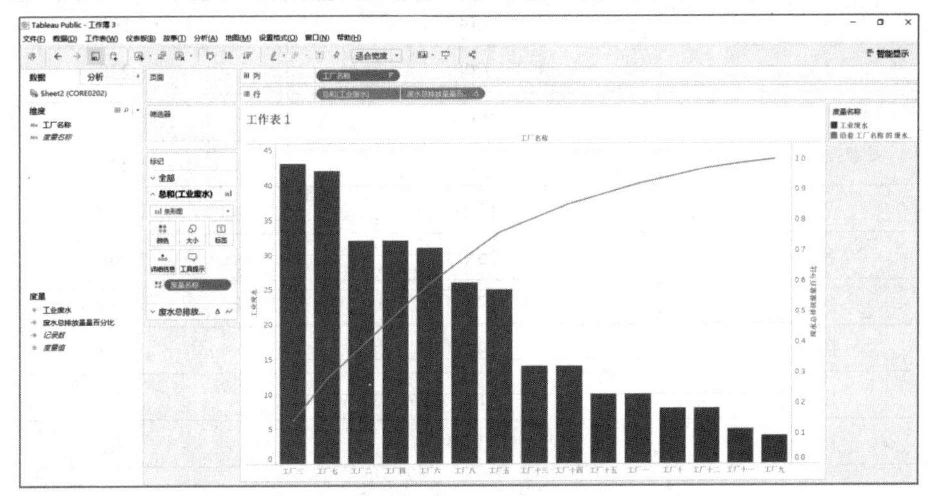

图 3-45　选择“双轴”

通过下面五个步骤的操作，实现图 3-2 所示的智慧工厂电量管理模块的效果。

第一步：准备数据（模拟数据）。

将工厂二各种设备一天内消耗电量以及各时间段用电总量分别汇总统计，如表 3-1、3-2 所示。

表 3-1　设备用电

id	用电设备	用电量（kW•h）
1	电流互感器	453
2	三相四线	548
3	冷却泵	435
4	插座	268
5	空调	494
6	照明	167

表 3-2　总用电

id	时间	用电量（kW•h）
1	1:00	45
2	3:00	50

续表

id	时间	用电量（kW·h）
3	5:00	160
4	7:00	220
5	9:00	320
6	11:00	240
7	13:00	330
8	15:00	360
9	17:00	250
10	19:00	305
11	21:00	402
12	23:00	145

第二步：右侧内容部分制作。

对右侧内容部分进行布局，划分为：用电能耗对象、使用 Tableau 饼图分析用电能耗比、使用 Tableau 折线图分析历史电量、使用表格展示历史电量四个部分，代码如 CORE0301 所示。

代码 CORE0301：右侧部分布局

```
<div class="row">
        <div class="col-md-3 ssjc_left">
          <!-- 用电能耗对象 -->
          <div class="ssjc_title">
            <!-- 标题 -->
          </div>
          <div class="tree_menu">
            <!-- 树形导航一 -->
          </div>
          <!-- 使用 Tableau 饼图分析用电能耗比 -->
          <div >
            <!-- 饼形图 -->
          </div>
        </div>
        <div class="col-md-9 ssjc_right">
          <div class="ssjc_right_up">
```

```
                <!-- 使用 Tableau 折线图分析历史电量 -->
                <div class="nei">

                </div>
                <!-- 使用表格展示历史电量 -->
                <div class="ssjc_right_bottom">

                </div>
            </div>
        </div>
    </div>
```

第三步：用电能耗对象部分制作。

通过定义 class="tree_menu" 等属性、样式设置树形导航，实现点击某一类，相应弹出对应子类的效果，代码如 CORE0302 所示，效果如图 3-46 所示。

代码 CORE0302：用电能耗对象

```
<div class="ssjc_title">
    <p> 用电能耗对象 <span class="ssjc_title_right"></span>
     <div class="clear"></div>
    </p>
</div>
<div class="tree_menu">
    <div class="tree well tree_one">
        <ul class="none_margin">
            <li>
                        <span><i  class="icon-folder-open"></i>  <input  type="checkbox" 
class="tree_check"> <em> 电量统计 </em></span>
        <ul>
                        <li><span><i   class="icon-plus-sign"></i><input   type="checkbox" 
class="tree_check"> <em> 办公楼 </em></span>
        <ul>
            <li style="display: none;"><span> <input type="checkbox" class="tree_check"> 照
明 </span>
            </li>
            <li style="display: none;"><span><input type="checkbox" class="tree_check"> 空
调 </span>
            </li>
```

```
                <li style="display: none;"><span> <input type="checkbox" class="tree_check"> 插座 </span>
                </li>
              </ul>
        </li>
                              <li><span><i  class="icon-plus-sign"></i><input  type="checkbox" class="tree_check"> <em> 车间 </em></span>
              <ul>
                <li style="display: none;"><span> <input type="checkbox" class="tree_check"> 冷却泵 </span>
               </li>
                <li style="display: none;"><span><input type="checkbox" class="tree_check"> 三相四线 </span>
              </li>
                <li style="display: none;"><span> <input type="checkbox" class="tree_check"> 电流互感器 </span>
              </li>
        </ul>
             </li>
                         </ul>
                      </li>
                  </ul>
              </div>
        </div>
```

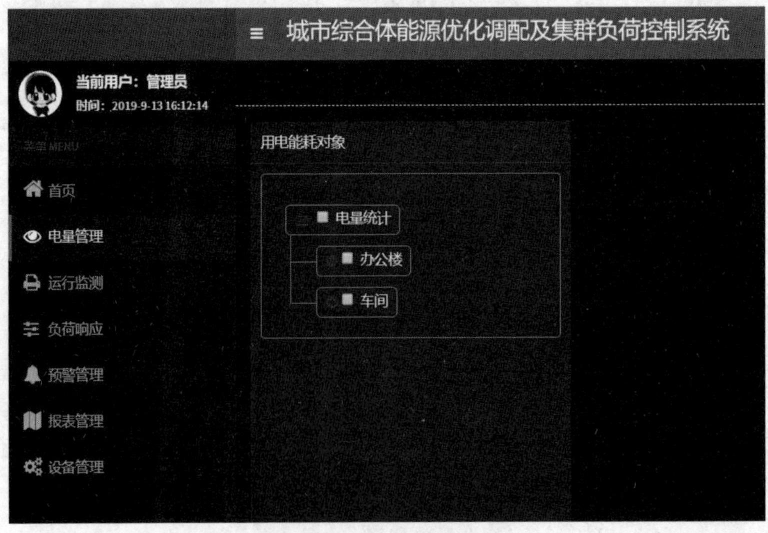

图 3-46 用电能耗对象

第四步：使用 Tableau 饼图分析用电能耗比。

（1）导入数据

导入表 3-1 所示数据，并更改数据类型。

（2）将字段拖放至行与列功能区

将“用电设备”字段拖放至列功能区，将“用电量”拖放至行功能区，在标签模块选择“饼图”，或者在智能显示选择饼图，最后选择适合整个视图，效果如图 3-47 所示。

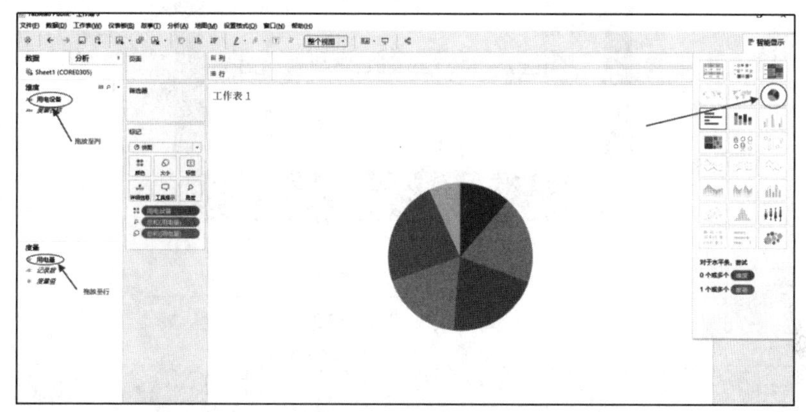

图 3-47　选择“饼图”

（3）设置仪表板格式

将仪表板阴影设置成黑色，编辑标题文字描述为白色。在设置阴影格式中，将工作簿的默认颜色设置为“无”，效果如图 3-48 所示。

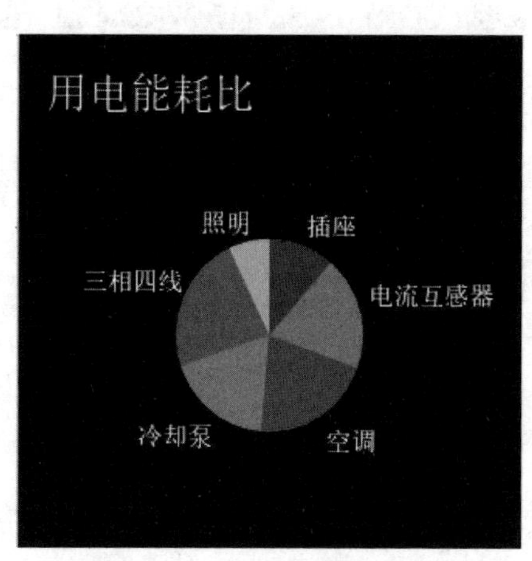

图 3-48　设置仪表板格式

（4）生成代码

保存后，点击分享按钮，生成代码，如图 3-49 所示。将代码插入用电能耗比区域，代码如 CORE0303 所示，效果如图 3-50 所示。

图 3-49 生成代码

代码 CORE0303：用电能耗比

```
<div class='tableauPlaceholder' id='viz1561817711672' style='position: relative'>
  <noscript>
    <a href='#'>
      <img alt=' ' src='https:&#47;&#47;public.tableau.com&#47;static&#47;images&#47;CO&#47;CORE0305&#47;1_1&#47;1_rss.png'style='border: none'/>
    </a>
  </noscript>
  <object class='tableauViz' style='display:none;'>
    <param name='host_url' value='https%3A%2F%2Fpublic.tableau.com%2F'/>
    <param name='embed_code_version' value='3'/>
    <param name='site_root' value=''/>
    <param name='name' value='CORE0305&#47;1_1'/>
    <param name='tabs' value='no'/>
    <param name='toolbar' value='yes'/>
    <param name='static_image' value='https:&#47;&#47;public.tableau.com&#47;static&#47;images&#47;CO&#47;CORE0305&#47;1_1&#47;1.png'/>
    <param name='animate_transition' value='yes'/>
    <param name='display_static_image' value='yes'/>
    <param name='display_spinner' value='yes'/>
    <param name='display_overlay' value='yes'/>
    <param name='display_count' value='yes'/>
    <param name='filter' value='publish=yes'/>
```

```
    </object>
</div>
<script type='text/javascript'>
    var divElement = document.getElementById('viz1561817711672');
    var vizElement = divElement.getElementsByTagName('object')[0];
    vizElement.style.minWidth = '420px';
    vizElement.style.maxWidth = '450px';
    vizElement.style.width = '100%';
    vizElement.style.height = '487px';
    var scriptElement = document.createElement('script');
    scriptElement.src = 'https://public.tableau.com/javascripts/api/viz_v1.js';
    vizElement.parentNode.insertBefore(scriptElement, vizElement);
</script>
```

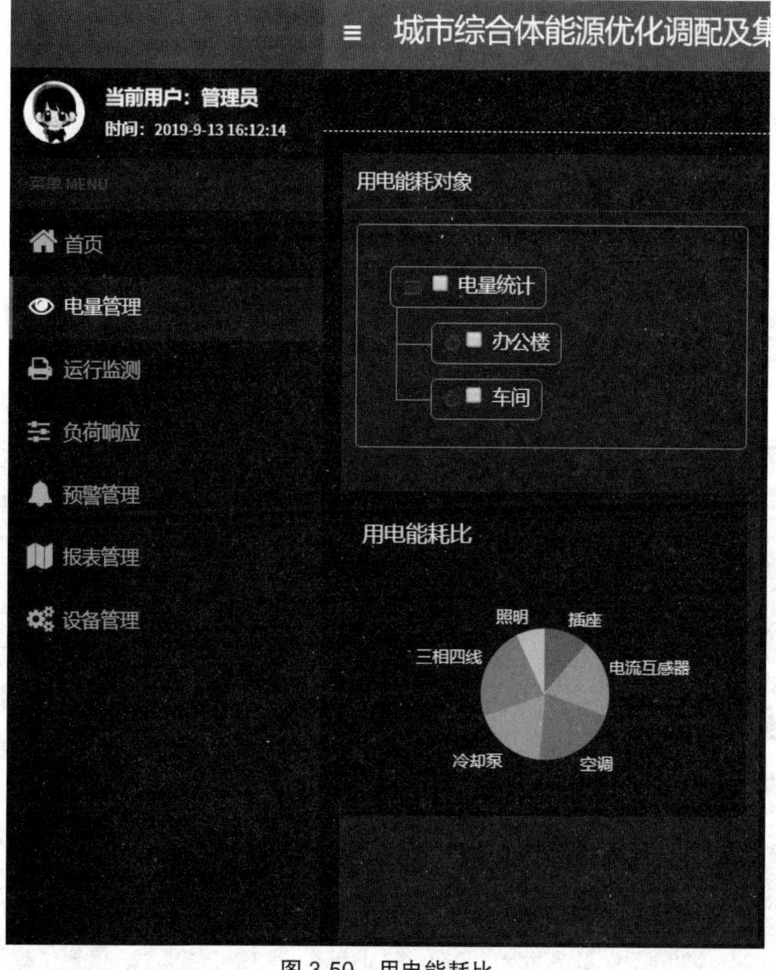

图 3-50　用电能耗比

第五步：使用 Tableau 折线图分析历史电量。

导入表 3-2 所示数据，生成电量历史分析折线图，步骤参考技能点一，效果如图 3-51 所示。

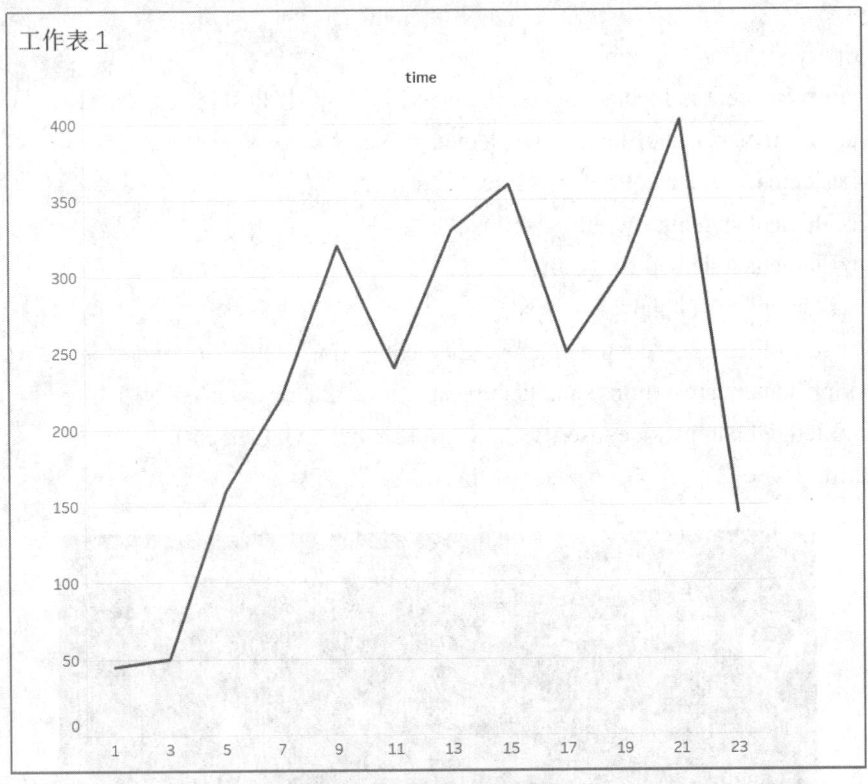

图 3-51 历史分析折线图

（2）设置仪表板格式

将仪表板阴影设置成黑色，编辑标题文字描述并将字体颜色改为白色。在设置阴影格式中，将工作簿的默认颜色设置为“无”。双击度量名称更改图形颜色，效果如图 3-52 所示。

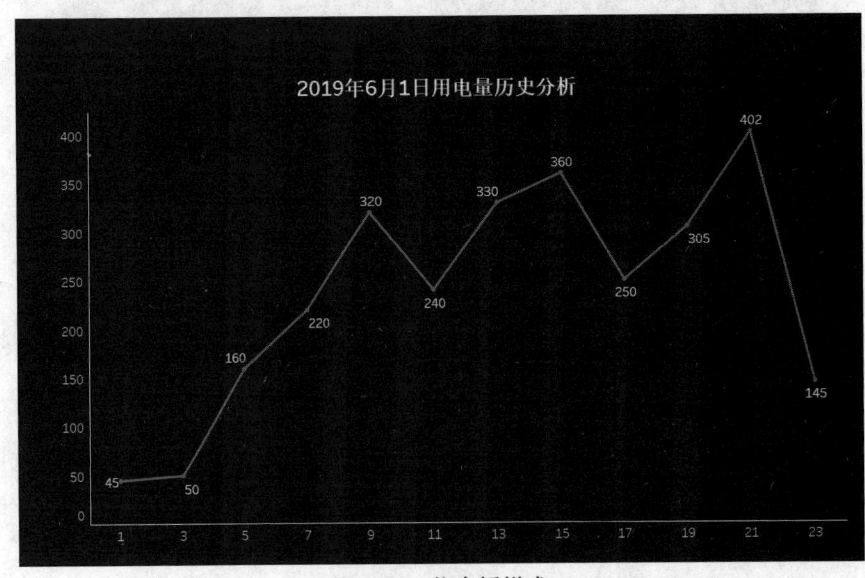

图 3-52 仪表板样式

（3）生成代码

保存后，点击分享按钮，生成代码，如图 3-53 所示。将代码插入电量历史分析区域，代码如 CORE0304 所示，效果如图 3-54 所示。

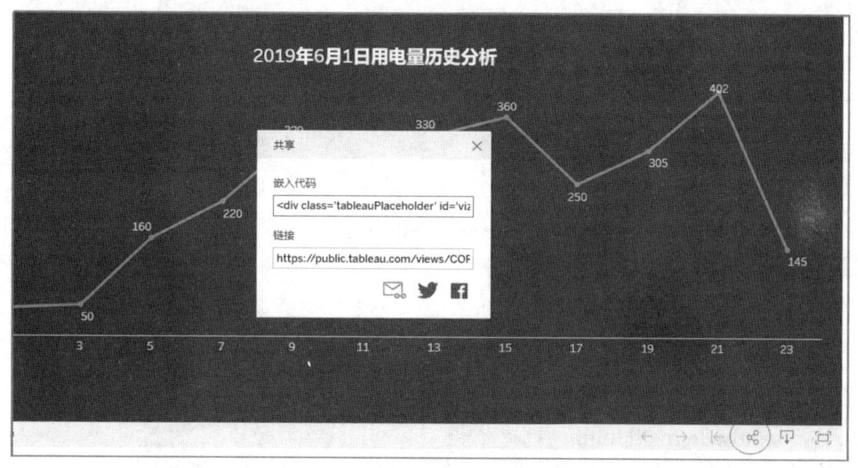

图 3-53　生成代码

代码 CORE0304：用电量历史分析

```
<div class='tableauPlaceholder' id='viz1561815521269' style='position: relative'>
    <noscript>
        <a href='#'>
            <img alt=' '
src='https:&#47;&#47;public.tableau.com&#47;static&#47;images&#47;CO&#47;
CORE0304&#47;1_1&#47;1_rss.png' style='border: none'/>
        </a>
    </noscript>
    <object class='tableauViz' style='display:none;'>
        <param name='host_url' value='https%3A%2F%2Fpublic.tableau.com%2F'/>
        <param name='embed_code_version' value='3'/>
        <param name='site_root' value=''/>
        <param name='name' value='CORE0304&#47;1_1'/>
        <param name='tabs' value='no'/>
        <param name='toolbar' value='yes'/>
        <param name='static_image'
        value='https:&#47;&#47;public.tableau.com&#47;static&#47;images&#47;CO&#47;
CORE0304&#47;1_1&#47;1.png'/>
        <param name='animate_transition' value='yes'/>
        <param name='display_static_image' value='yes'/>
```

```
        <param name='display_spinner' value='yes'/>
        <param name='display_overlay' value='yes'/>
        <param name='display_count' value='yes'/>
        <param name='filter' value='publish=yes'/>
    </object>
</div>
<script type='text/javascript'>
    var divElement = document.getElementById('viz1561815521269');
    var vizElement = divElement.getElementsByTagName('object')[0];
    vizElement.style.minWidth = '420px';
    vizElement.style.maxWidth = '1050px';
    vizElement.style.width = '100%';
    vizElement.style.minHeight = '587px';
    vizElement.style.maxHeight = '887px';
    vizElement.style.height = (divElement.offsetWidth * 0.75) + 'px';
    var scriptElement = document.createElement('script');
    scriptElement.src = 'https://public.tableau.com/javascripts/api/viz_v1.js';
    vizElement.parentNode.insertBefore(scriptElement, vizElement);
</script>
```

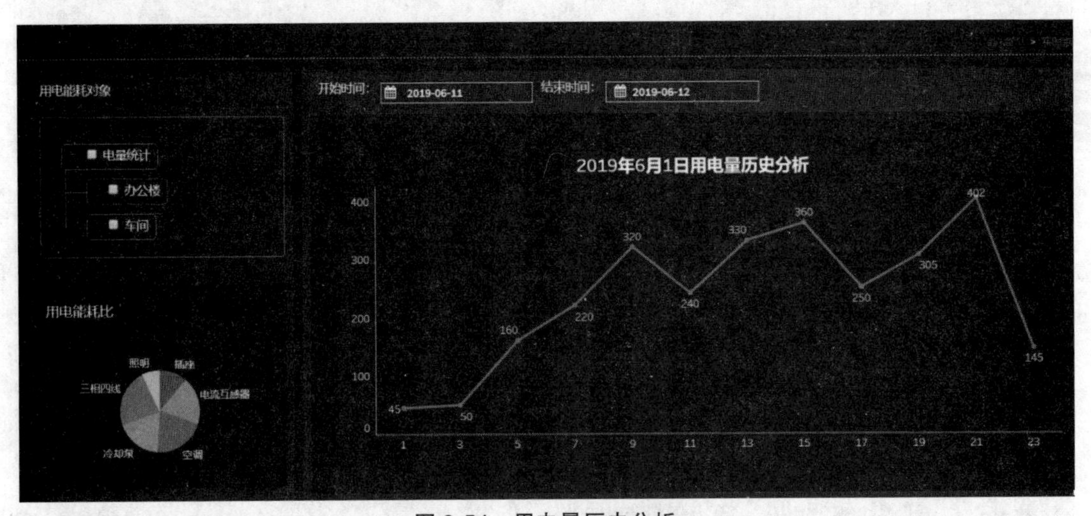

图 3-54　用电量历史分析

第六步：使用表格展示历史电量。

使用表格展示一天内各设备所用电量，代码如 CORE0305 所示，效果如图 3-55 所示。

代码 CORE0305：数据列表

```
<div class="ssjc_right_bottom">
```

```
<div class="nei">
  <p> 数据列表 </p>
  <div class="ssjc_rub_table">
    <table class="tj_table" border="0">
      <thead>
      <tr>
        <td> 用户名称 </td>
        <td> 设备名称 </td>
        <td> 时间 </td>
        <td> 功率 </td>
      </tr>
      </thead>
      <tbody>
      <tr>
        <td> 项目 </td>
        <td> 冷却泵 </td>
        <td>00 点 </td>
        <td>45</td>
      </tr>
      <tr>
        <td> 项目 </td>
        <td> 冷却泵 </td>
        <td>01 点 </td>
        <td>61</td>
      </tr>
      <tr>
        <td> 项目 </td>
        <td> 冷却泵 </td>
        <td>02 点 </td>
        <td>50</td>
      </tr>
      <tr>
        <td> 项目 </td>
        <td> 冷却泵 </td>
       <td>03 点 </td>
        <td>75</td>
      </tr>
```

```
        <tr>
          <td> 项目 </td>
          <td> 冷却泵 </td>
          <td>04 点 </td>
          <td>45</td>
        </tr>
        <tr>
          <td> 项目 </td>
          <td> 冷却泵 </td>
          <td>05 点 </td>
          <td>61</td>
        </tr>
        <tr>
          <td> 项目 </td>
          <td> 冷却泵 </td>
          <td>06 点 </td>
          <td>50</td>
        </tr>
        <tr>
          <td> 项目 </td>
          <td> 冷却泵 </td>
          <td>07 点 </td>
          <td>75</td>
        </tr>

        <tr>
          <td> 项目 </td>
          <td> 冷却泵 </td>
          <td>08 点 </td>
          <td>45</td>
        </tr>
        </tbody>
      </table>
      <div class="t_fanye">
        <span class="upten"></span>
        <span class="up"></span>
        <span class="split"></span>
        <span class="page_info_one"> 第 1 / 1 页 </span>
```

```
            <span class="split"></span>
            <span class="dowm"></span>
            <span class="downten"></span>
            <span class="page_info_two"> 页记录数 9</span>
            <span class="page_info_three"> 当前 1-1 条记录，共 1 条记录 </span>
            <div class="clear"></div>
          </div>
        </div>
        <div class="cheng_ershi"></div>
      </div>
    </div>
```

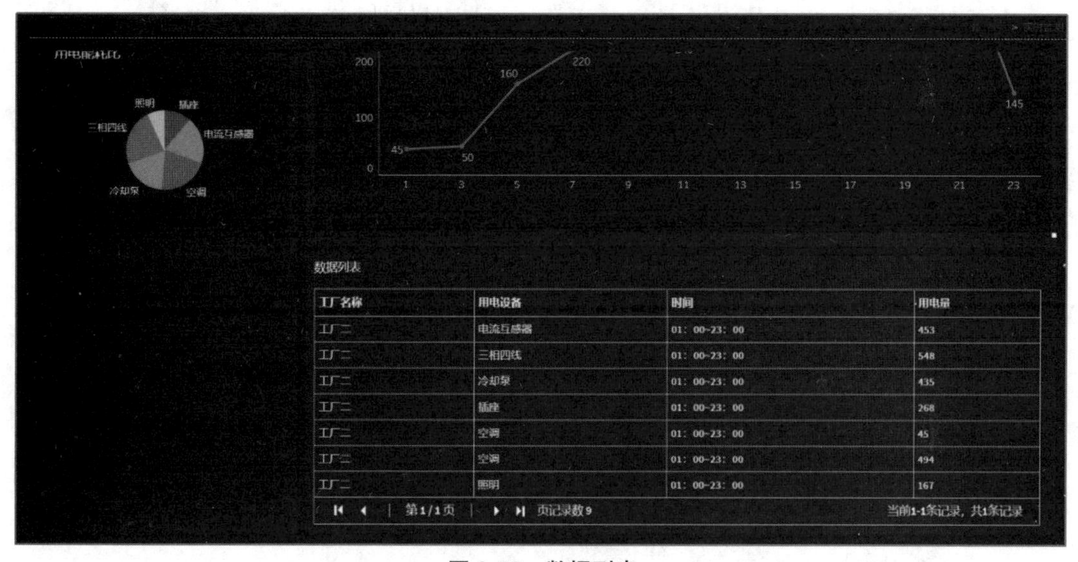

图 3-55　数据列表

任务总结

本项目通过对智慧工厂电量管理模块的学习，对折线图、韦恩图、帕累托图应用场景具有初步了解，掌握使用 Tableau 绘制图表的技能，具有使用 Tableau 绘制图表的能力，为以后绘制复杂图形打下基础。

英语角

time	时间	temperature	温度
sum	总数	running	运行

total	总计	electricity	电量

任务习题

一、选择题

1. 通常数据的增减变化以折线的上升和下降起伏方式展示时，这样的统计数据方式被称为（　　）。

A. 折线图　　B. 韦恩图　　C. 帕累托图

2.（　　）不仅能够显示数量的多少，还能够显示某一事物随时间等有序类别变化的趋势。

A. 折线图　　B. 韦恩图　　C. 帕累托图

3.（　　）常常用来分析不同事物的数据集之间的逻辑关系。

A. 折线图　　B. 韦恩图　　C. 帕累托图

4. 韦恩图是（　　）型图表，数据集之间的逻辑关系采用图形与图形之间的层叠关系表示。

A. 关系　　B. 非关系　　C. 非成熟

5.（　　）通常采用双直角坐标系表示。

A. 折线图　　B. 韦恩图　　C. 帕累托图

二、填空题

1. 折线图适合__________的多数据集。

2. 韦恩图主要分为三个部分：__________，__________以及__________。

3. 韦恩图主要采用__________方式进行展示。

4. 帕累托图外表类似于__________。

5. 帕累托图左边的纵轴表示__________，右边的纵轴表示__________。

三、上机题

按要求使用 Tableau 绘制图表。

要求：①根据以下数据创建两个数据集（办公用品、技术）的韦恩图；

②生成代码，嵌入 HTML 页面。

Abc Sheet3 客户名称	Abc Sheet3 类别
曾惠	办公用品
许安	办公用品
许安	办公用品
宋良	办公用品
万兰	办公用品
俞明	技术
俞明	办公用品
俞明	家具
俞明	办公用品
俞明	办公用品
谢雯	技术

项目四　基于 ECharts 实现智慧工厂运行检测模块

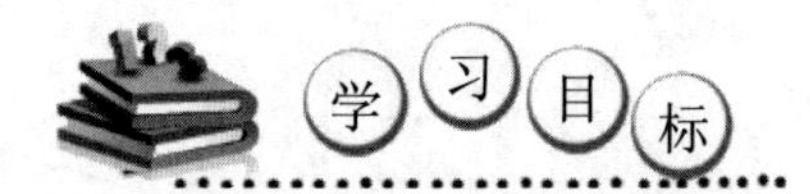

通过实现智慧工厂运行检测模块，了解漏斗图、饼图、旭日图数据特点，学习漏斗图、饼图、旭日图的使用，掌握使用 ECharts 绘制图表的基本步骤，具有使用 ECharts 绘制图表的能力。在任务实现过程中：

课程思政

- 了解漏斗图、饼图、旭日图的应用场景；
- 掌握漏斗图、饼图、旭日图数据特点；
- 掌握使用 ECharts 绘制图表的基本步骤；
- 具有使用 ECharts 绘制图表的能力。

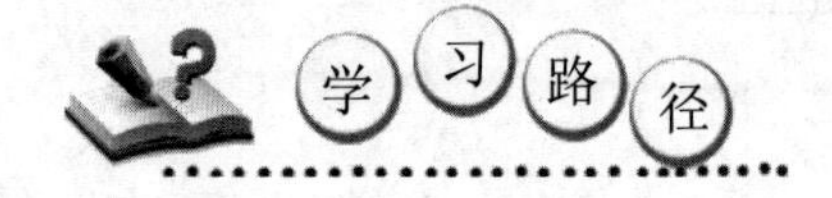

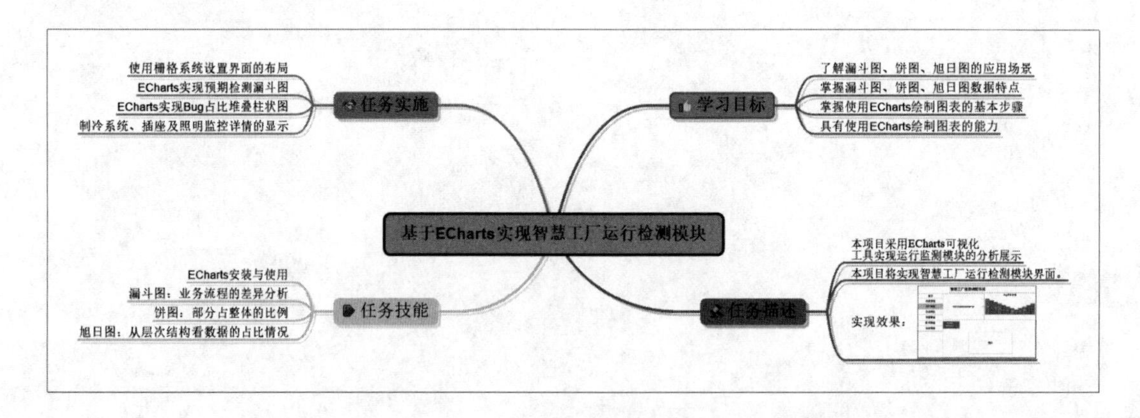

【情境导入】

在工厂生产过程中，电力预测是非常重要的，它能够保证电力设备的安全运行。电力预测的主要目的在于预防电力设备在高电压作用下造成电力损失或者设备损坏等问题。因此，该企业决定为每个工厂的运行阶段都设定预期检测模块，确保实际结果不超过预期结果。本项目采用 ECharts 可视化工具实现运行检测模块的分析展示。

【功能描述】

本项目将实现智慧工厂运行检测模块界面。

● 使用栅格系统设置界面的布局。
● ECharts 实现预期检测漏斗图。
● ECharts 实现 Bug 占比堆叠柱状图。
● 制冷系统、插座及照明监控详情的显示。

【基本框架】

基本框架如图 4-1 所示，通过本项目的学习，能将框架图 4-1 转换成智慧工厂运行检测模块效果，如图 4-2 所示。

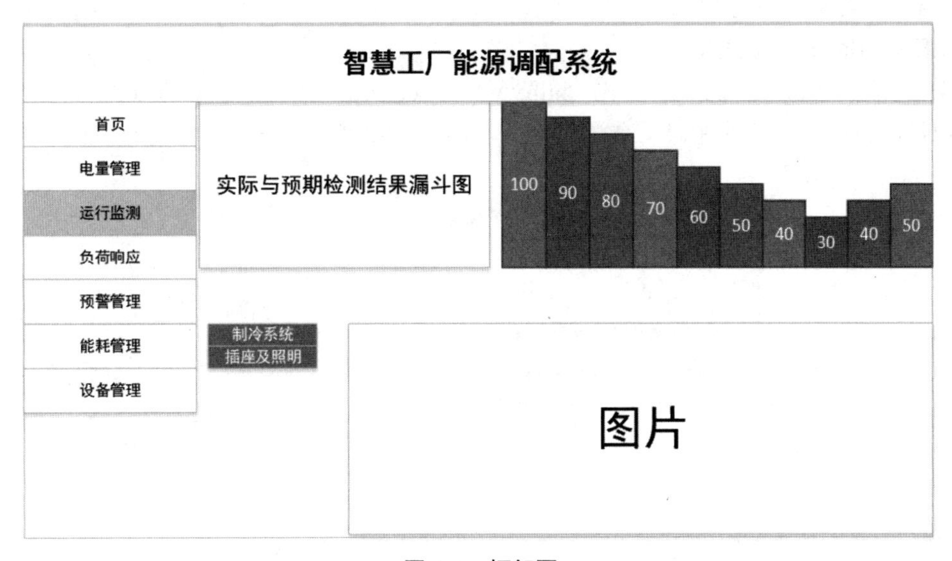

图 4-1　框架图

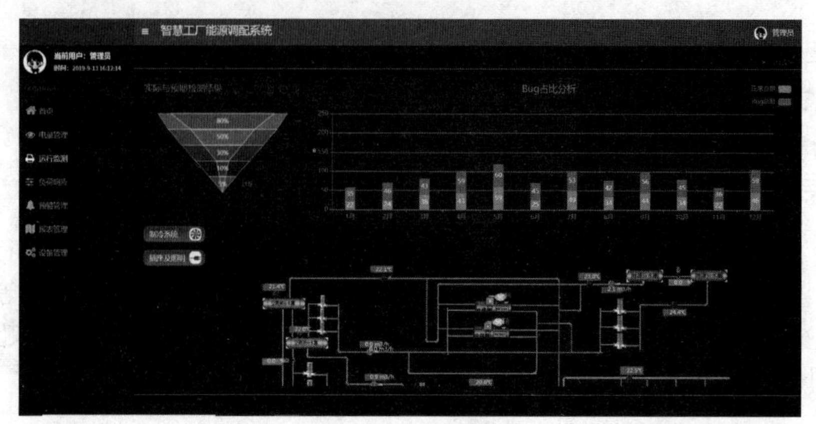

图 4-2 效果图

技能点一 ECharts 安装与使用

Echarts 能够实现数据图表，是一个纯 JavaScript 的图表库，兼容大部分浏览器，底层依赖于 Canvas 类库。使用 ECharts 绘制图表的步骤如下。

1.ECharts 安装与引入

第一步：下载文件。从官网（http://www. echartsjs.com/zh/download.html）上下载 ECharts.js 文件，开发环境建议下载源代码版本，如图 4-3 所示。

下载

方法一：从下载的源代码或编译产物安装

版本	发布日期	从镜像网站下载源码	从 GitHub 下载编译产物
4.6.0	2019/12/30	Source (Signature SHA512)	Dist
4.5.0	2019/11/19	Source (Signature SHA512)	Dist
4.4.0	2019/10/15	Source (Signature SHA512)	Dist
4.3.0	2019/9/16	Source (Signature SHA512)	Dist
4.2.1	2019/3/21	Source (Signature SHA512)	Dist
4.1.0	2018/8/4	Source (Signature SHA512)	Dist

图 4-3 下载文件

第二步：引入 ECharts。通过 script 标签引入 ECharts.js 文件，注意引入文件的路径。代码如下。

```
<!DOCTYPE html>
<html lang="en">
<head>
    <meta charset="UTF-8">
    <title>Title</title>
    <!-- 引入 ECharts 文件 -->
    <script src="dist/js/ECharts.js"></script>
</head>
<body>

</body>
</html>
```

第三步：创建 DOM 容器，用于存放图表（注意标明容器的宽高）。代码如下。

```
<!-- 为 ECharts 准备一个具备大小（宽高）的 DOM -->
<div id="main" style="width: 600px;height:400px;"></div>
```

第四步：初始化图表实例。通过 echarts.init () 方法初始化一个 ECharts 实例并通过 setOption() 方法生成一个简单的图表。初始化图表实例的代码如下。

```
<script type="text/javascript">
    // 基于准备好的 DOM，初始化 ECharts 实例
    var myChart = echarts.init(document.getElementById('_top'));
    // 指定图表的配置项和数据
    myChart.setOption({
        });
</script>
```

2. ECharts 图表属性与方法

使用 ECharts 绘制图表时首先需要用到 init() 方法，执行 init() 方法后会传入一个具备宽高的 DOM 节点即实例化图表对象，通过给图表配置选项进而绘制不同的 ECharts 图表。实现 ECharts 图表的实例方法及说明如表 4-1 所示。

表 4-1　实例方法说明

属性	参数	说明
Init()	{dom} dom, {string|Object =} theme	初始化接口，返回 ECharts 实例，其中 DOM 为图表所在节点，theme 为可选的主题，内置主题（'macarons', 'infographic'）直接传入名称，自定义扩展主题可传入主题对象

续表

属性	参数	说明
setOption()	{Object}option, {boolean=}notMerge	用于配置图表实例选项
setSeries()	{Array} series, {boolean=}notMerge	图表数据接口

图表一般包括图表标题、工具箱、提示框、坐标轴、图表数据、图表图例等内容，这些内容统称为图表实例选项，配置图表实例选项需要通过 setOption() 方法，setOption() 方法属性的具体说明如表 4-2 所示。

表 4-2 setOption() 方法

名称	说明
timeline	时间轴
title	标题
tooltip	鼠标悬浮交互时的信息提示
grid	直角坐标系内绘制网格
xAxis	直角坐标系中横轴数组
yAxis	直角坐标系中纵轴数组
series	图表数据，数组中每一项为一个系列的选项及数据
dataZoom	数据区域缩放
legend	图表图例
axis	坐标轴有三种类型，类目型、数值型和时间型

● setOption() 方法里 title 属性用于设置图表标题，每个图表最多仅有一个标题控件，每个标题控件可设主副标题，详细介绍如表 4-3 所示。

表 4-3 图表标题选项

名称	默认值	说明
show	true	是否显示图表标题
text	null	主标题文本
subtext	null	副标题文本
sublink	null	副标题文本超链接
itemGap	5	主副标题纵向间隔，单位 px

续表

名称	默认值	说明
subtextStyle	{ color: '#aaa' }	副标题文本样式
padding	5	标题内边距，单位 px，默认各方向内边距为 5

设置图表标题示例图如图 4-4 所示。

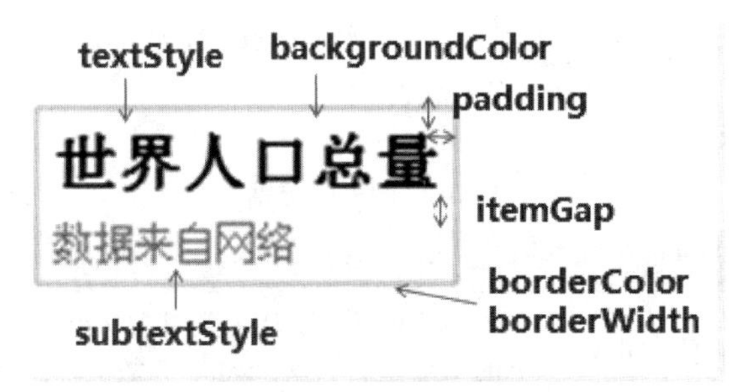

图 4-4　图表标题选项

● setOption() 方法里 toolbox 属性用于设置图表工具箱，每个图表最多仅有一个工具箱，启用图表工具箱需要通过 feature 属性，其详细介绍如表 4-4 所示。

表 4-4　图表工具箱选项

名称	说明
mark	辅助线标志，包括启用、删除上一条、删除全部（图 4-5 左 1 至 3）
dataZoom	框选区域缩放，包括启用，缩放后退（图 4-5 左 4、左 5）
dataView	数据视图，打开数据视图（图 4-5 左 6）
magicType	动态类型切换，支持直角系下的折线图、柱状图、堆积、平铺转换
restore	还原，复位原始图表（图 4-5 右 2）
save	保存图片（图 4-5 右 1）

设置图表工具箱示例图如图 4-5 所示。

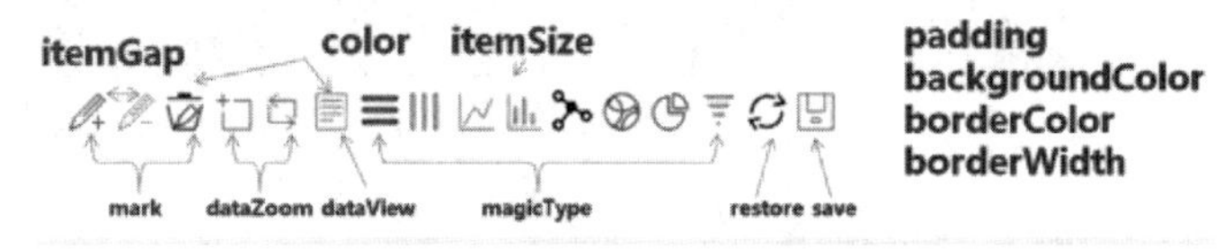

图 4-5　图表工具箱选项

● setOption() 方法里 tooltip 属性用于设置图表提示框，也就是鼠标悬浮交互时的信息提示，默认鼠标悬浮有信息提示，其详细介绍如表 4-5 所示。

表 4-5 图表提示框选项

<table>
<tr><th>名称</th><th>默认值</th><th>说明</th></tr>
<tr><td>trigger</td><td>'item'</td><td>触发类型，默认数据触发，可选为：'item'（触发某一项）| 'axis'（全触发）</td></tr>
<tr><td>formatter</td><td>'{a}
{b} : {c}'</td><td>内容格式器</td></tr>
<tr><td>show</td><td>true</td><td>是否显示图表标题</td></tr>
<tr><td>showContent</td><td>true</td><td>tooltip 主体内容显示</td></tr>
</table>

● setOption() 方法里 axis 属性用于设置坐标轴选项，坐标轴有三种类型，分别是类目型、数值型和时间型，详细介绍如表 4-6 所示。

表 4-6 图表坐标轴

<table>
<tr><th>名称</th><th>默认值</th><th>说明</th></tr>
<tr><td>type</td><td>'category' | 'value' | 'time' | 'log'</td><td>坐标轴类型，默认为类目型 'category'，为该类型时必须通过 data 设置类目数据；'value' 为数值轴；'time' 为时间轴；'log' 为对数轴。适用于对数数据</td></tr>
<tr><td>position</td><td>'bottom' | 'left'</td><td>坐标轴类型，横轴默认为类目型 'bottom'，纵轴默认为数值型 'left'</td></tr>
<tr><td>name</td><td>null</td><td>坐标轴名称，默认为空</td></tr>
<tr><td>data</td><td>[]</td><td>图表选项数据</td></tr>
<tr><td>boundaryGap</td><td>true</td><td>坐标轴两边留白</td></tr>
<tr><td>min</td><td>null</td><td>适用于数值型，时间型；最小值</td></tr>
<tr><td>max</td><td>null</td><td>适用于数值型，时间型；最大值</td></tr>
<tr><td>splitNumber</td><td>null</td><td>适用于数值型，时间型；分割段数</td></tr>
</table>

● setOption() 方法里 legend 属性用于设置图表图例（标注在图表一角或一侧上各种符号和颜色所代表内容与指标的说明，有助于更好地认识图表），每个图表最多仅有一个图例，默认图例选项为显示，详细介绍如表 4-7 所示。

表 4-7 图表图例选项

名称	默认值	说明
padding	5	图例内边距，单位 px，默认各方向内边距为 5
itemWidth	20	图例图形宽度
itemHeight	14	图例图形高度
itemGap	10	各个 item 之间的间隔，单位 px，默认为 10

设置图表图例，示例如图 4-6 所示。

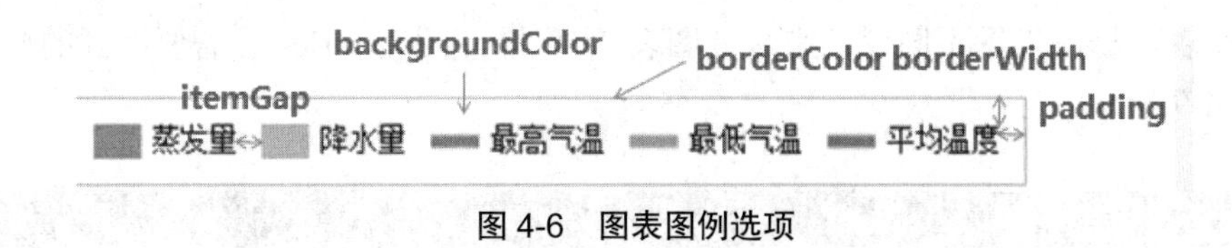

图 4-6　图表图例选项

● setOption() 方法里 series 属性用于设置图表数据，数组中每一项为一个系列的选项及数据，其中个别选项仅在部分图表类型中有效。详细介绍如表 4-8 所示。

表 4-8　图表数据选项

名称	默认值	说明
type	null	图表类型。'line'（折线图）| 'bar'（柱状图）| 'scatter'（散点图）| 'k'（K 线图）'pie'（饼图）| 'radar'（雷达图）| 'chord'（和弦图）| 'force'（力导向布局图）| 'map'（地图）
name	null	系列名称
itemStyle	null	图表样式，可设置图表内图形的默认样式（normal）和强调样式（emphasis）
markPoint	{}	系列中的数据标注内容
markLine	{}	系列中的数据标线内容
data	[]	数据

技能点二　漏斗图：业务流程的差异分析

漏斗图（倒三角图）由堆叠的条形图演变而来，随着占比的减少宽度逐渐变窄，最后趋近于点状，其形状类似一个漏斗。漏斗图将数据呈现为几个阶段，用梯形面积表示某个阶段业务量与上一个阶段之间的差异。漏斗图的应用十分广泛，如应用在家庭支出结果统计中，大部分家庭对每年、每月支出没概念，可以采用漏斗图记录每月支出，并对支出较多的条目进行合理调控。

1. 漏斗图数据特点

漏斗图数据具有顺序、多阶段、多流程等特点，通过各流程的数据变化，以及初始阶段和最终目标的两端数据差，快速发现问题所在。漏斗图的应用十分广泛，如应用在家庭支出、事物流程等。

小张通过漏斗图分析每月的家庭支出，通过如图 4-7 所示统计，可以看出总支出为住房、交通、餐饮等，主要支出为住房和交通这两项，通过分析后的结果可以针对性的控制自己花销。

2. 漏斗图的使用

ECharts 绘制图表通过 type 属性区分不同图表，且每个图表有自己的属性。一般通过在 series 图表数据里设置不同属性来区分图表，实现漏斗图在 series 里需要用到的属性具体说明如表 4-9 所示。

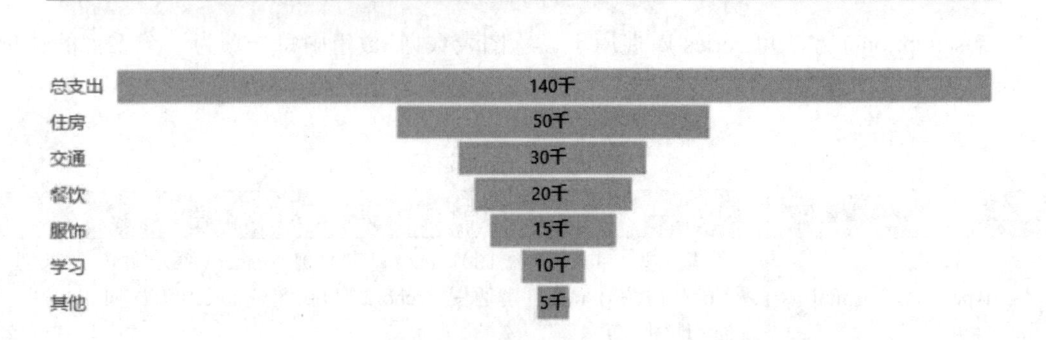

图 4-7 家庭支出漏斗图

表 4-9 漏斗图选项属性

名称	默认值	说明
min	0	指定的最小值
max	最大值	指定的最大值
minSize	'0%'	最小值 min 映射到总宽度的比例
maxSize	'100%'	最大值 max 映射到总宽度的比例
sort	'descending'	数据排序
gap	0	数据图形间距

如图 4-8 所示为使用 ECharts 标准漏斗图实现某产品从浏览商品、放入购物车、完成订单、支付订单、完成交易的情况统计。看出从浏览商品到最终购买的各个流程的转化率，进而知晓哪个环节还需要优化，然后有针对性地制定策略。

为了实现图 4-8 效果，具体步骤如下。

第一步：准备数据（模拟数据）。

下面为某产品浏览商品、放入购物车、生成订单、支付订单、完成交易的情况数据。

```
{"list":[
 {"num":15,"department":" 完成交易 15%"},
 {"num":20,"department":" 支付订单 20%"},
 {"num":30,"department":" 生成订单 30%"},
 {"num":50,"department":" 放入购物车 50%"},
 {"num":100,"department":" 浏览商品 100%"}
```

```
    ]
    }
```

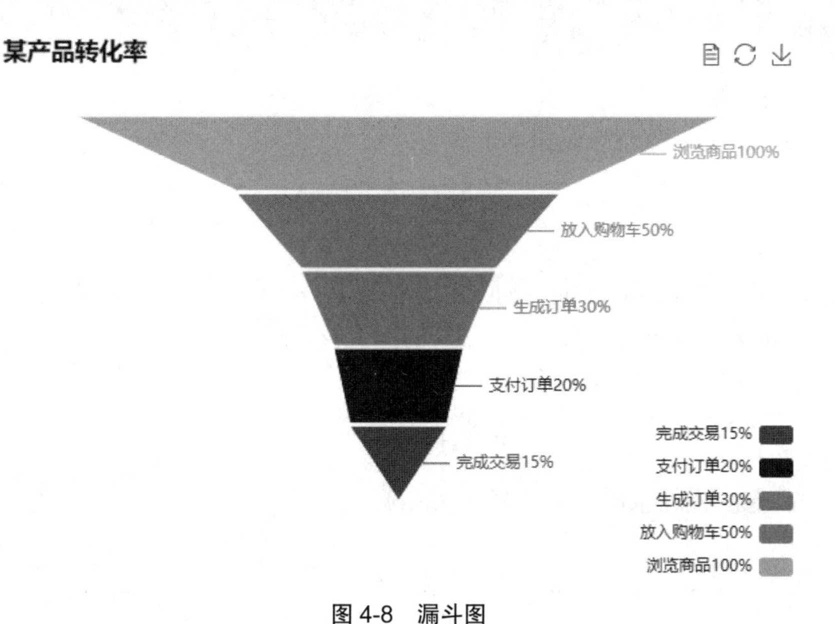

图 4-8　漏斗图

第二步：设置漏斗图标题。

设置漏斗图主标题文本，标题选项配置代码如下。

```
<script src="js/jquery-3.3.1.min.js" type="text/javascript"></script>
<script type="text/javascript" src="js/echarts.min.js"></script>
<script type="text/javascript">
  // 基于准备好的 DOM，初始化 ECharts 实例
  var myChart = ECharts.init(document.getElementById('_top'));
  // 指定图表的配置项和数据
  myChart.setOption({
    title: {
      text: '某产品转化率',
    },
</script>
```

第三步：设置漏斗图提示框。

设置提示框的触发类型，默认数据触发为 'item'；设置内容格式器，默认为 '{a}
{b} : {c}'。漏斗图提示框选项配置代码如下。

```
    tooltip: {
        trigger: 'item',
        formatter: "{a} <br/>{b} : {c}%"
    },
```

第四步：设置图表工具箱。

漏斗图工具箱选项配置代码如下。

```
    toolbox: {
        feature: {
            dataView: {readOnly: false},// 数据视图，readOnly 默认数据视图为只读，可指
定 readOnly 为 false 打开编辑功能
// 还原，复位原始图表，icon 右数 2
              restore: {},
// 保存图片
              saveAsImage: {}
        }
    },
   });
```

第五步：设置图表图例选项。

设置图例内容数组并设置位置为右下方，漏斗图图例选项配置代码如下。

```
legend: {
orient: 'vertical',
          x: 'right',
          y:'bottom',
     data: ['完成交易','支付订单','生成订单','放入购物车','浏览商品']
    },
```

第六步：设置图表数据选项。

通过 type 指定图表类型，data 属性指定图表的数据项，通过 AJAX 加载漏斗图数据等。具体代码如下。

```
<script type="text/javascript">
        series: [
         {
            name:'漏斗图',
            type:'funnel',
            left: '10%',
```

```
            top: 60,
            bottom: 60,
            width: '80%',
            min: 0,
            max: 100,
            minSize: '0%',
            maxSize: '100%',
            sort: 'descending',
            gap: 2,
            },
            data: []
        }
    var names = [];   // 类别数组(用于存放饼图的类别)
      var brower = [];
      $.ajax({
        type: 'get',
        url: 'funnel.json',         // 请求数据的地址
        dataType: "json",        // 返回数据形式为 json
        success: function (result) {
          // 请求成功时执行该函数内容,result 即为服务器返回的 json 对象
          $.each(result.list, function (index, item) {
            names.push(item.department);   // 逐个取出类别并填入类别数组
            brower.push({
              name: item.department,
              value: item.num
            });
          });
          myChart.hideLoading();   // 隐藏加载动画
          myChart.setOption({       // 加载数据图表
            legend: {
              data: names
            },
            series: [{
              data: brower
            }]
          });
        },
        error: function (errorMsg) {
```

```
            // 请求失败时执行该函数
            alert("图表请求数据失败 !");
            myChart.hideLoading();
        }
    });
</script>
```

快来扫一扫!

提示:Echarts 的数据一般是在初始化后的 setOption 中直接填入,但是很多时候数据可能需要异步加载后再填入。想要了解更多知识扫描图中二维码,了解更多信息。

技能点三　饼图:部分占整体的比例

饼图(pie)是显示一个数据系列中各项的大小与各项总和的比例,并且用唯一的颜色或图案显示每个数据系列。

1. 饼图数据特点

饼图用于表示不同分类的占比情况,通过弧度大小来对比各种分类。饼图通过将一个圆饼按照分类的占比划分成多个区块,整个圆饼代表数据的总量,每个区块(圆弧)表示该分类占总体的比例大小,所有区块(圆弧)的加和等于 100%。

支付宝为了方便用户查看消费情况,通过饼图分析用户当月历史消费,通过图 4-9 可以看出,该用户在生活日用类目消费较多。

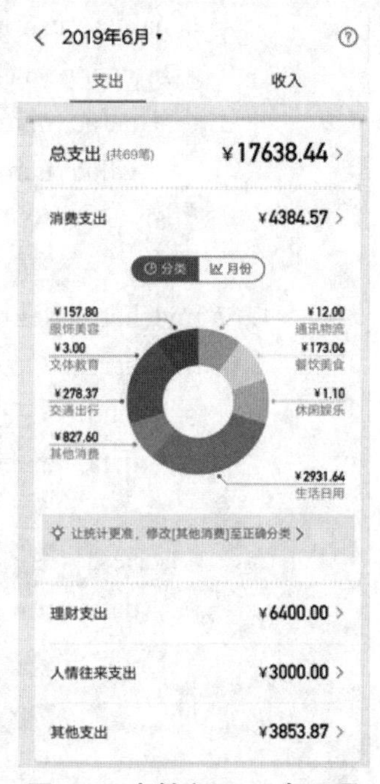

图 4-9　支付宝 2019 年 6 月消费支出

2. 饼图的使用

当使用 ECharts 饼图时,需要将 series 中的 type 属性设置为“pie”,以下为实现 ECharts 饼图的一些通用属性,饼图的属性介绍具体如表 4-10 所示。

表 4-10　饼图属性及说明

名称	默认值	说明
center	['50%', '50%']	圆心坐标，支持绝对值（px）和百分比，百分比计算 min(width, height) * 50%
radius	[0, '75%']	半径，支持绝对值（px）和百分比，百分比计算比，min(width, height) / 2 * 75%，传数组实现环形图，[内半径，外半径]
startAngle	90	开始角度，有效输入范围：[-360,360]
clockWise	true	是否顺时针
roseType	null	南丁格尔玫瑰图模式
legendHoverLink	true	是否启用图例（legend）hover 时的联动响应（高亮显示）

如图 4-10 所示为使用基本饼图实现北京、重庆、上海、天津、河南等地区 2019 年高考报考人数统计，该图显示各个组成部分所占比例，强调整体与个体间的比较，可以一眼看出各个地区报考人数多少。

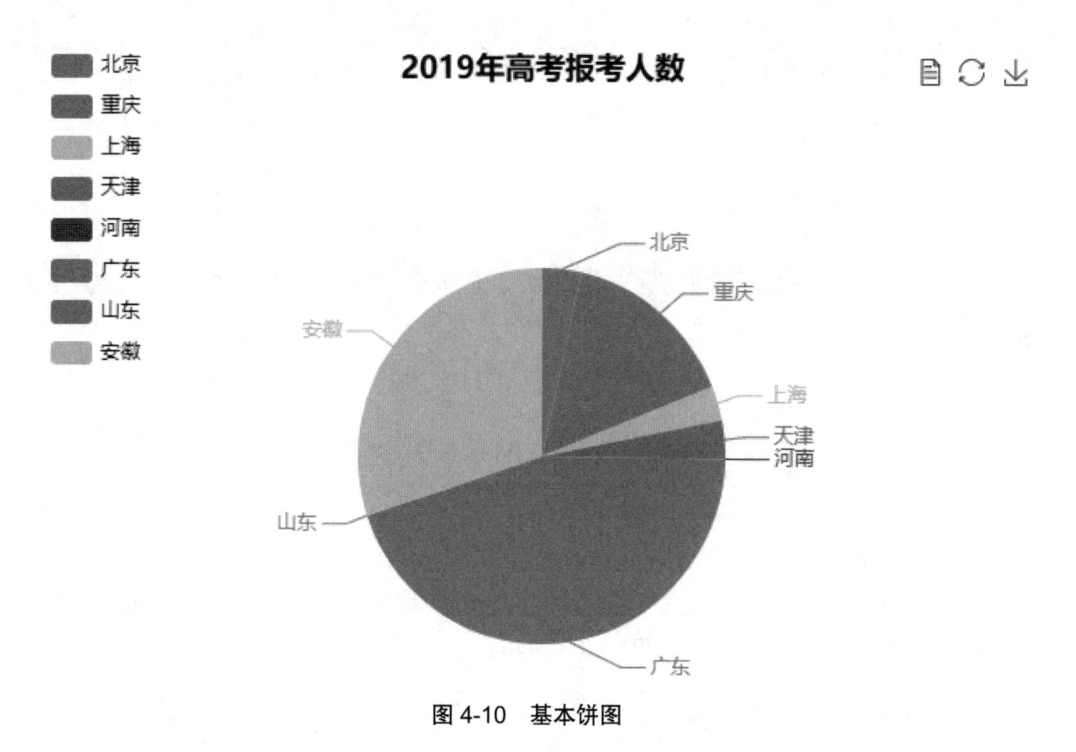

图 4-10　基本饼图

为了实现图 4-10 效果，具体步骤如下。

第一步：准备数据（模拟数据）。

2019 年高考各地区报考人数的数据如 CORE0401 所示。

代码 CORE0401：漏斗图数据

```
{"list":[{
 "department":"北京","num":5.9},
 {"department":"重庆","num":26.4},
 {"department":"上海","num":5},
 {"department":"天津","num":5.6},
 {"department":"河南","num":0},
 {"department":"广东","num":76},
 {"department":"山东","num":0},
 {"department":"安徽","num":51.3}
]}
```

第二步：标题及样式设置。

设置水平居中、提示框的触发类型等，代码如 CORE0402 所示。

代码 CORE0402：标题设置

```
 color: ['#ff7d27', '#47b73d', '#fcc36e', '#57a2fd', "#228b22"],// 饼图颜色
        title: {
          text: '2019 年高考报考人数 ',
          x:'center'
        },
// 设置提示框的触发类型，默认数据触发为 'item'；设置内容格式器，默认为 '{a} <
br/>{b} : {c}'
        tooltip: {
          trigger: 'item',
          formatter: "{a} <br/>{b} : {c} ({d}%)"
        },
```

第三步：图例设置。

进行图例布局方式、工具箱选项配置、图表数据选项的设置，并设置饼图数据、饼图扇形区域样式、饼图大小等。代码如 CORE0403 所示。

代码 CORE0403：图例设置

```
legend: {
          orient: 'vertical',
          x: 'left',
          data: []
```

```
        },
        toolbox: {
          show: true,
          feature: {
            mark: { show: true },
            dataView: { show: true, readOnly: false },
            magicType: {
              show: true,
              type: ['pie', 'funnel'],
              option: {
                funnel: {
                  x: '25%',
                  width: '50%',
                  funnelAlign: 'left',
                  max: 1548
                }
              }
            },
            restore: { show: true },
            saveAsImage: { show: true }
          }
        },
    series: [{
          name: '发布排行',
          type: 'pie',
          radius: '55%',
          center: ['50%', '60%'],
          data: []
        }]
```

第四步：通过 AJAX 动态获取 json 数据。设置请求数据的地址、请求成功时执行该函数内容等。（具体操作详见技能点二→漏斗图使用→第六步：设置图表数据选项，以下图表同上）

技能点四　旭日图：从层次结构看数据的占比情况

旭日图（Sunburst）也称为太阳图，是饼图的变形，相当于多个饼图的组合，由多层环形图组成。在数据结构上，内圈是外圈的父节点，离原点越近代表圆环级别越高，最内层的圆表示层次结构的顶级，可以一层一层去看数据的占比情况，不用担心数据太多，看不清占比关系。

1. 旭日图数据特点

旭日图能便于仔细分析数据，能了解到图表的具体构成，为了美观旭日图并没有显示全部的数据，点击区域可以显示对应区域的数据，通过以上特点造就了旭日图的应用场景。比如：上高中时，我们都应该学习过元素周期表，它是类似图 4-11 所示的一张表。这张表更多地展示了元素的信息，但是没有很好地展示元素归类的信息。现在可以用旭日图来重新绘制元素周期表，对元素归类进行改善，如图 4-12 所示。

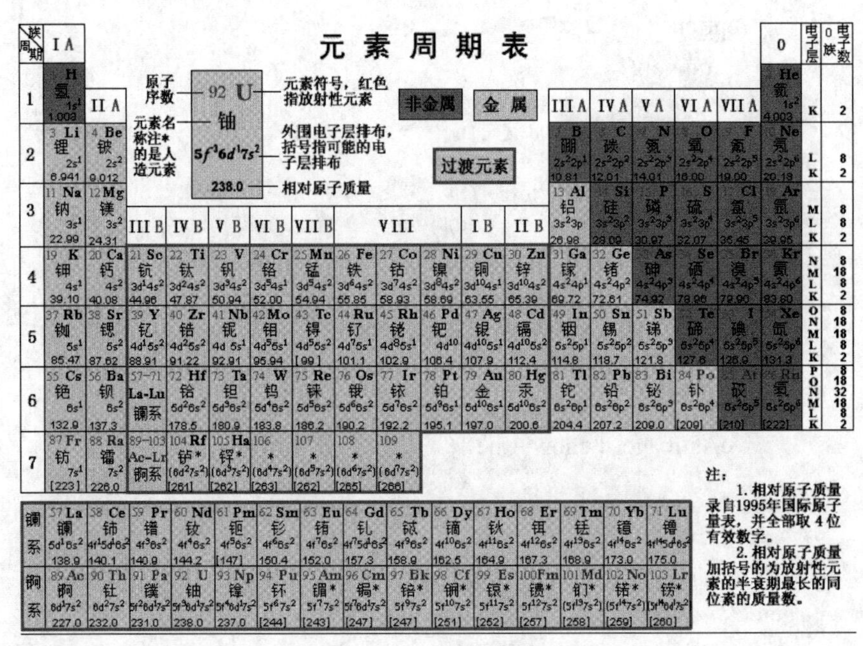

图 4-11 元素周期表

2. 旭日图的使用

当使用 ECharts 旭日图时，需要将 series 中的 type 属性设置为“sunburst”，以下为实现 ECharts 旭日图的一些通用属性，旭日图的属性介绍具体如表 4-11 所示。

表 4-11 旭日图属性及说明

名称	说明
levels	多层配置，是一个数组，其中的第 0 项表示数据下钻后返回上级的图形，其后的每一项分别表示从圆心向外层的层级
series[i]-sunburst.data[i].name	用于显示扇形块中的描述文字
series[i]-sunburst.data[i].children	data 数据的子节点

续表

名称	说明
series[i]-sunburst-data[i]-value	如果包含 children，则可以不写 value 值。这时子元素的 value 之和作为父元素的 value。如果 value 大于子元素之和，可以用来表示还有其他子元素未显示
series.data.itemStyle	设置每个扇形块的样式，优先级最高
series.levels.itemStyle	设置每一层的样式，优先级次于 series.data.itemStyle
series.itemStyle	设置整个旭日图的样式，优先级最低

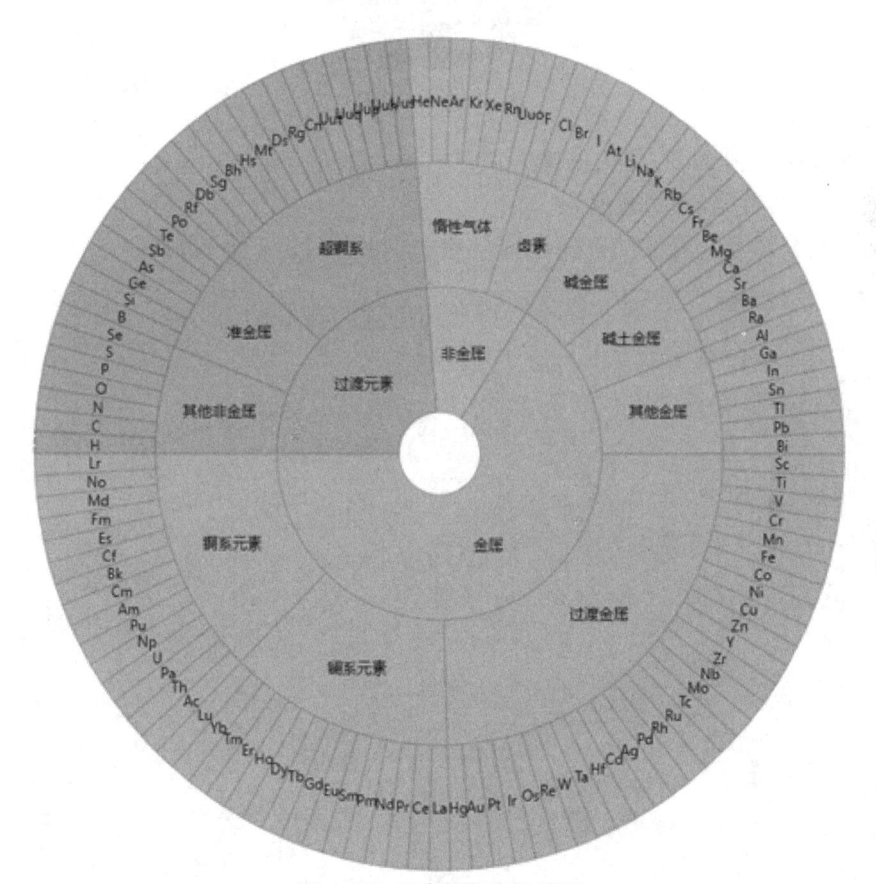

图 4-12 元素周期表旭日图

如图 4-13 所示，通过旭日图可以直观地看到不同时间段的分段销售额及其占比情况。旭日图比传统的表优秀，能更清晰地表达层级关系。使用旭日图实现该企业年度销售额汇总统计（年份—季度—月份—周）。

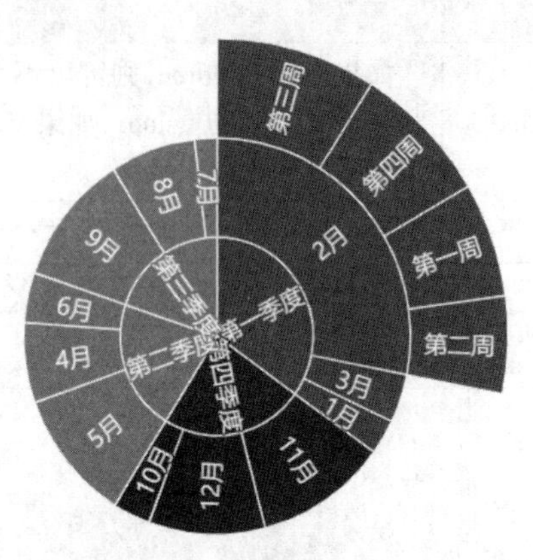

图 4-13 旭日图

为了实现图 4-13 效果，具体步骤如下。

第一步：准备数据（模拟数据）。

下面为某公司年度销售额汇总统计（年份—季度—月份—周）数据。

```
{
        name: '第一季度',
        children: [
            {
              name: '1 月',
              value: 29
            },
            {
              name: '2 月',
              children: [
                {
                name: '第一周',
                  value: 63
                },{
                  name: '第二周',
                  value: 54
                },
                {
                  name: '第三周',
                  value: 91
                },{
                  name: '第四周',
```

```
                    value: 78
                }]
            },
            {
                name: '3 月',
                value: 40

            }
        ]
    },
    {
    name: '第二季度',
    children: [
        {
            name: '4 月',
            value: 66
        },
        {
            name: '5 月',
            value: 110
        },
        {
            name: '6 月',
            value: 42
        }
    ]
    }, {
    name: '第三季度',
        children: [
            {
                name: '7 月',
                value: 19
            },
            {
                name: '8 月',
                value: 73
            },
            {
```

```
                name: '9 月',
                value: 109
            }
        ]
    },
    {
    name: '第四季度',
        children: [
            {
                name: '10 月',
                value: 32
            },
            {
                name: '11 月',
                value: 112
            },
            {
                name: '12 月',
                value: 99
            }
        ]
    }
```

第二步：声明图表类型并定义坐标，默认是 [50%,50%]，居中显示，数组第一项表示横坐标、第二项表示纵坐标，代码如下。

```
    title: {
        text: '年度销售额汇总'
    },
    toolbox: {
        feature: {
        magicType: {
            type: ['stack', 'tiled']
        },
        dataView: {},
        saveAsImage: {
            pixelRatio: 2
        }
    }
```

```
        },
    series: {
            type: 'sunburst',
            center: ['50%', '50%'],
                }
```

第三步：多层配置，将最外层的扇形块的标签向外显示，形成阳光效果，代码如下所示。

```
    series: {
        // 将最外层的扇形块的标签向外显示，形成阳光效果
        levels: [{}, {}, {}, {}, {
            label: {
                position: 'outside',
                padding: 3,
                silent: false
            },
            itemStyle: {
                borderWidth: 3
            },
data[]
        }],
            }
```

快来扫一扫！

提示：如果数据加载时间较长，一个空的坐标轴放在画布上用户的体验感会很差，因此需要一个 loading 的动画来提示用户数据正在加载。扫描图中二维码，了解更多信息。

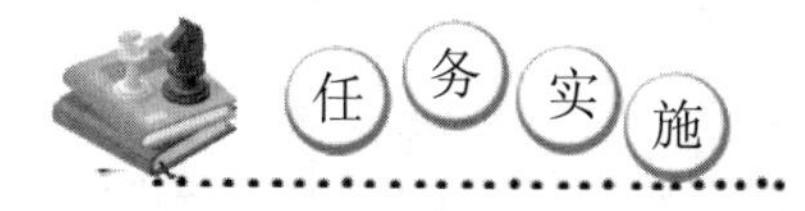

通过下面六个步骤的操作，实现图 4-2 所示的智慧工厂运行检测模块界面的效果。

第一步：准备数据（模拟数据）。

将企业对检测实际数据与预期检测数据以及一年中 Bug 占比数据汇总统计，如表 4-12 和表 4-13 所示（Bug 占比数据省略）。

表 4-12 检测实际数据

value	指标
30	三
10	四
5	达标
50	二
80	一

表 4-13 检测实际数据

value	指标
60	三
40	四
20	达标
80	二
95	一

第二步：引入配置文件。

打开 webstrom 软件，点击创建并保存为 CORE0407.html 文件，并通过外联方式导入 CSS 文件和 JS 文件。代码如 CORE0404 所示。

代码 CORE0404：引入文件

```
<!DOCTYPE html>
<html>
<head>
  <meta charset="utf-8">
  <meta http-equiv="X-UA-Compatible" content="IE=10">
  <title> 运行检测 </title>
   <meta content="width=device-width, initial-scale=1, maximum-scale=1, user-scalable=
no" name="viewport">
  <link rel="stylesheet" href="bootstrap/css/bootstrap.css">
 <!-- 左侧菜单 -->
  <link rel="stylesheet" href="dist/css/AdminLTE.css">
  <link rel="stylesheet" href="dist/css/skins/_all-skins.css">
  <!-- 主体内容 -->
  <link rel="stylesheet" href="vince/css/vince.css">
  <link rel="stylesheet" href="vince/biao/css/font-awesome.min.css">
  <script src="plugins/jQuery/jquery-2.2.3.min.js"></script>
  <script src="bootstrap/js/bootstrap.min.js"></script>
  <script src="vince/js/nicescroll.js"></script>
```

```
  <script src="vince/js/demo.js"></script>
  <script src="vince/js/ECharts.min.js"></script>
</head>
<body>
</body>
</html>
```

第三步：页面布局。

使用栅格系统布局，设置两个 div 容器放置图表，并设置 div 的 ID 标识，代码 CORE0405 如下。效果如图 4-14 所示。

代码 CORE0405：

```
<div class="content qqq">
   <div class="yjgl">
    <div class="ssjc_right_up">
     <div class="nei">
      <div class="yjgl_ru_table">
       <div class="row">
// 实际与预期检测结果漏斗图
        <div class="col-md-3">
         <div class="ECharts_yjgl_one" id="ECharts_yjgl_one">
         </div>
        </div>
//Bug 占比分析柱状图
        <div class="col-md-9">
         <div class="ECharts_yjgl_two" id="ECharts_yjgl_two">
         </div>
        </div>
       </div>
      </div>
     </div>
    </div>
   </div>
  </div>
```

图 4-14　页面布局

第四步：实际与预期检测结果的制作。

● 设置漏斗图标题。使用堆叠漏斗图显示运行，检测实际与预期检测结果对比。通过 text 属性设置漏斗图主标题文本，textStyle 属性设置标题文本的样式。标题选项配置代码如下。

```
<script type="text/javascript">
  var chart_c2 = echarts.init(document.getElementById('ECharts_yjgl_one'));
  option={
// 设置漏斗图标题
    title: {
      text: '实际与预期检测结果',
      left: 'left',
      top: 'top',
      textStyle: {
        fontWeight: 'normal',
        color: '#f39c12 ',
        fontSize: 17,
      },
},
},
</script>
```

● 设置漏斗图提示框。通过 trigger 属性设置提示框的触发类型，默认数据触发为 'item'；通过 formatter 属性设置内容格式器，默认为 '{a} < br/>{b} : {c}'。漏斗图提示框选项配置代码如下。

```
// 漏斗图提示框
    tooltip: {
      trigger: 'item',
```

```
    formatter: "{a} <br/>{b} : {c}%"
},
```

● 设置图表工具箱。漏斗图工具箱选项配置代码如下。

```
// 漏斗图工具箱
  toolbox: {
    feature: {
      dataView: {readOnly: false},
      restore: {},
      saveAsImage: {}
    }
},
```

● 设置图表数据选项。通过 type 指定图表类型，data 属性指定图表的数据项等。具体代码如下。效果如图 4-15 所示。

```
// 漏斗图数据系列
  series: [
    {
      name: '预期',
      type: 'funnel',
      left: '10%',
      width: '80%',
      label: {
        normal: {
          formatter: '{b}'
        },
        emphasis: {
          position:'inside',
          formatter: '{b} 预期 : {c}%'
        }
      },
      labelLine: {
        normal: {
          show: false
        }
      },
      itemStyle: {
```

```
      normal: {
        opacity: 0.7
      }
    },
    data: [ ]
  },
  {
    name: '实际',
    type: 'funnel',
    left: '10%',
    width: '80%',
    maxSize: '80%',
    label: {
      normal: {
        position: 'inside',
        formatter: '{c}%',
        textStyle: {
          color: '#fff '
        }
      },
      emphasis: {
        position:'inside',
        formatter: '{b} 实际 : {c}%'
      }
    },
    itemStyle: {
      normal: {
        opacity: 0.5,
        borderColor: '#fff',
        borderWidth: 2
      }
    },
    data: [ ]
  }
]
```

● 通过 AJAX 动态获取 json 数据。设置请求数据的地址、请求成功时执行该函数内容等。（具体操作详见技能点二→漏斗图的使用→第六步）。代码如下所示。

```
var names = [];   // 类别数组（实际用来盛放 X 轴坐标值）
var series1 = [];
var series2 = [];
$.ajax({
 type: 'get',
 url: 'yxjc1.json',        // 请求数据的地址
 dataType: "json",       // 返回数据形式为 json
 success: function (result) {
  // 请求成功时执行该函数内容，result 即为服务器返回的 json 对象
  $.each(result.jinJian, function (index, item) {
   names.push(item.AREA);   // 挨个取出类别并填入类别数组
   series1.push(item.LANDNUM);
  });
  $.each(result.banJie, function (index, item) {
   series2.push(item.LANDNUM);
  });
  myChart.hideLoading();   // 隐藏加载动画
  myChart.setOption({      // 加载数据图表
   series: [{
    data: series1
   },
    {
     data: series2
    }]
  });
 },
 error: function (errorMsg) {
  // 请求失败时执行该函数
  alert("图表请求数据失败 !");
  myChart.hideLoading();
 }
});
```

第五步：Bug 占比分析的制作。

绘制堆叠柱状图，显示一年中 Bug 总数和正常总数对比情况。

- 设置堆叠柱状图 *x*、*y* 轴数据以及堆叠柱状图数据。配置代码如下所示。

```
<script type="text/javascript">
 var chart_c1 = ECharts.init(document.getElementById('ECharts_yjgl_two'));
```

```
var dataMoney = [0, 20, 40, 60, 80, 100, 120, 140, 160];//y 轴
var dataMouth = ['1 月','2 月','3 月','4 月','5 月',' 6 月','7 月','8 月','9 月','10 月','11 月','12 月'];//x 轴
// 显示数据，可修改
var data1 = [22, 24, 38, 43, 59, 25, 49, 34, 44, 34, 22, 46];
var data2 = [35, 46, 43, 59, 60, 45, 53, 42, 56, 45, 36, 59];
// 总计
var data3 = function() {
 var datas = [];
 for (var i = 0; i < data1.length; i++) {

  datas.push(data1[i] + data2[i]);
 }
 return datas;
}();
</script>
```

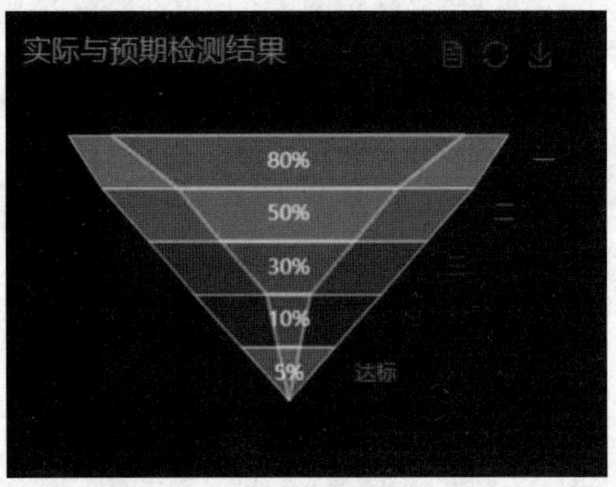

图 4-15　实际与预期检测结果

● 设置堆叠柱状图标题。设置标题位置、颜色等，标题选项配置代码如下所示。

```
option = {
 title: {
  text: 'Bug 占比分析',
  left: 'center',
  top: 'top',
  textStyle: {
   fontWeight: 'normal',
   color: '#f39c12 '
```

```
        },
      },
    },
```

● 设置堆叠柱状图提示框。通过 trigger 属性设置提示框的触发类型，默认数据触发为 'item'，'axis' 为全触发。堆叠柱状图提示框选项配置代码如下所示。

```
// 提示框
  tooltip : {
  trigger: 'axis',
  axisPointer : {
    type : 'shadow'
  }
},
```

● 设置图表图例、网格选项。设置图例内容数组，堆叠柱状图图例选项配置代码如下所示。

```
// 图例
legend: {
   orient: 'vertical',
   x: 'right',
   y: 'top',
   data:['正常总数','Bug 总数'],
   textStyle: {
     fontWeight: 'normal',
     color: '#f39c12'
   },
 },
 grid: {
   left: '3%',
   right: '4%',
   bottom: '3%',
   containLabel: true
 },
```

● xAxis、yAxis 配置项。x、y 坐标轴轴字体颜色和宽度设置，代码如下所示。

```
  xAxis : [
   {
```

```
        type : 'category',
        data : dataMouth,
        // 设置坐标轴字体颜色和宽度
        axisLine:{
         lineStyle:{
           color:'#f39c12',
         }
        },
      }
    ],
    yAxis : [
      {
        type : 'value',
        data : dataMoney ,// 可省略，只要 type : 'value', 会自适应数据设置 y 轴
        // 设置坐标轴字体颜色和宽度
        axisLine:{
         lineStyle:{
           color:'#f39c12',
         }
        },
      }
    ],
```

● 设置图表数据选项。通过 type 指定图表类型，data 属性指定图表的数据项等。具体代码如下所示。效果如图 4-16 所示。

```
    // 数据系列
      series : [
      {
        name:'正常总数',
        type:'bar',
        stack:'sum',
        itemStyle:{
         normal:{
          label: {
           show: true,// 是否展示
          },
          color:'#F89733'
         }
```

```
    },
    data:data1
   },
   {
    name:'Bug 总数',
    type:'bar',
    stack:'sum',
    barWidth : 20,
    itemStyle:{
     normal:{
      label: {
       show: true,// 是否展示
      },
      color:'#DF7010'
     }
    },
    data:data2
   },
   {
    name: '总计',
    type: 'bar',
    stack: 'sum',
    label: {
     normal: {
      offset:['50', '80'],
      show: true,
      position: 'insideBottom',
      formatter:'{c}',
      textStyle:{ color:'#000' }
     }
    },
    itemStyle:{
     normal:{
      color:'rgba(128, 128, 128, 0)'
     }
    },
    data: data3
   }
```

```
    ]
```

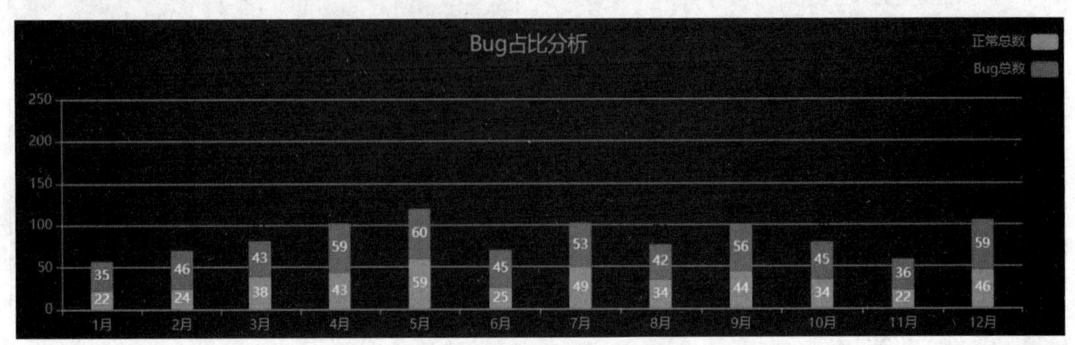

图 4-16 Bug 占比分析的制作

第六步：监控详情的制作。

通过 <div> 对内容进行显示，分为制冷系统、插座及照明两部分，代码如 CORE0406 所示，效果如图 4-17 和图 4-18 所示。

代码 CORE0406：监控详情的制作

```
<div class="yxjc">
    <div class="yxjc_info">
      <ul>
       <li class="kong"><p> 制冷系统 <span class="yxjc_tubiao1"></span></p></li>
       <li class="qi"><p> 插座及照明 <span class="yxjc_tubiao2"></span></p></li>
      </ul>
    </div>
    <div class="yxjc_info_right">
      <img src="vince/images/yxjc.png" alt="">
    </div>
  </div>
```

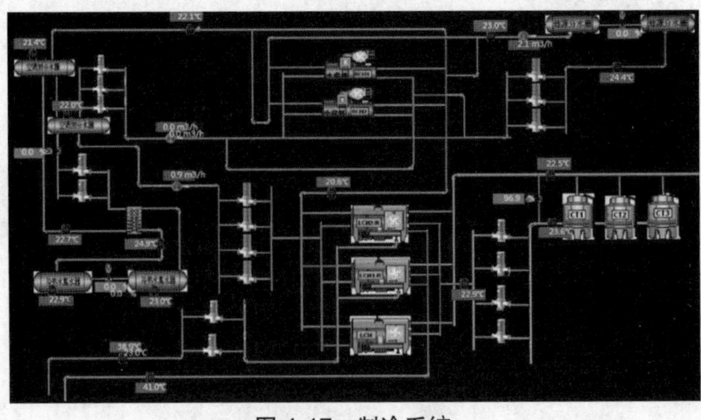

图 4-17 制冷系统

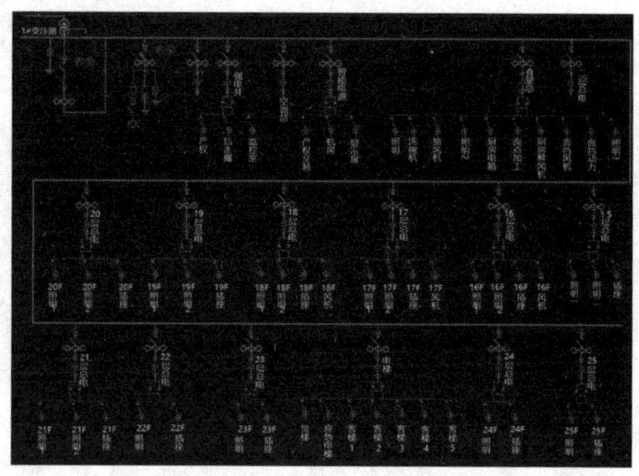

图 4-18　插座及照明

设置监控详情的样式，将字体图标与小标题水平显示，设置字体背景颜色、字体颜色等。部分代码 CORE0407 如下，设置样式后效果如图 4-19 和图 4-20 所示。

代码 CORE0407：内容分类 CSS 代码

```
// 设置容器样式
.yxjc_info{top:20px;left: 20px;width: 140px;float: left;height: 100%;}
.yxjc_info li{list-style: none;overflow: hidden;margin-bottom: 5px;height:
    40px;width:130px;background:  url(../images/icon_56.png);background-size:  100%
100%;}
// 设置触发字体样式
.yxjc_info li p,.yxjc_info li a{line-height: 40px;padding-left: 15px;color: #fff;cursor:
pointer;}
.yxjc_info li p span,.yxjc_info li a span{height: 30px;width: 30px;margin: 4px;float: right;
margin-right: 10px;}
// 设置触发按钮后面小图标
.yxjc_tubiao1{background: url(../images/icon_50.png)no-repeat center center;}
.yxjc_info_right{float: left;}
```

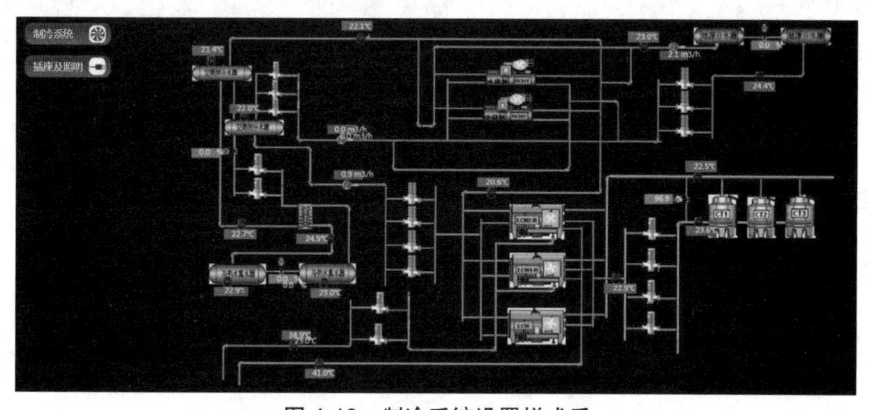

图 4-19　制冷系统设置样式后

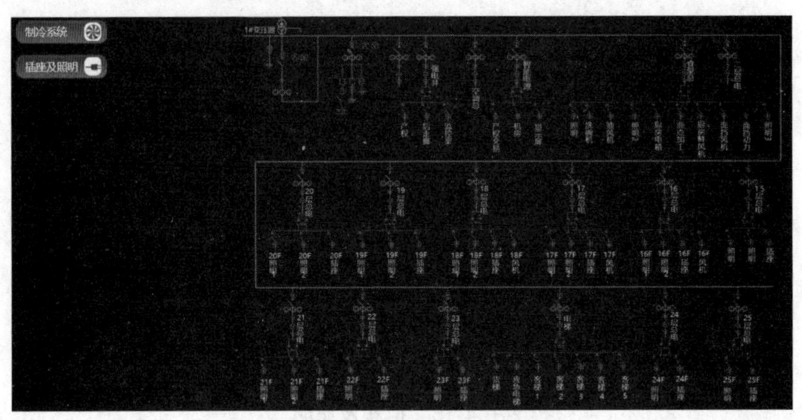

图 4-20　插座及照明设置样式后

第七步：底部的制作。

通过 <footer> 标签里嵌套 <strong> 标签设置底部版权信息，代码如 CORE0408 所示。

代码 CORE0408：底部版权信息

```
<footer class="main-footer" style="background-color: black">
    <strong>Copyright &copy; 2019</strong>
</footer>
```

设置底部版权信息的样式。部分代码如 CORE0409 所示，设置样式后效果如图 4-21 所示。

代码 CORE0409：底部版权信息样式设置

```
.main-footer {
  background: #fff;
  padding-left: 15px;
  padding-right: 15px;
  height:40px;
  color: #444;
  line-height:40px;
  border-top: 1px solid #d2d6de;
}
```

至此智慧工厂运行检测模块界面制作完成。

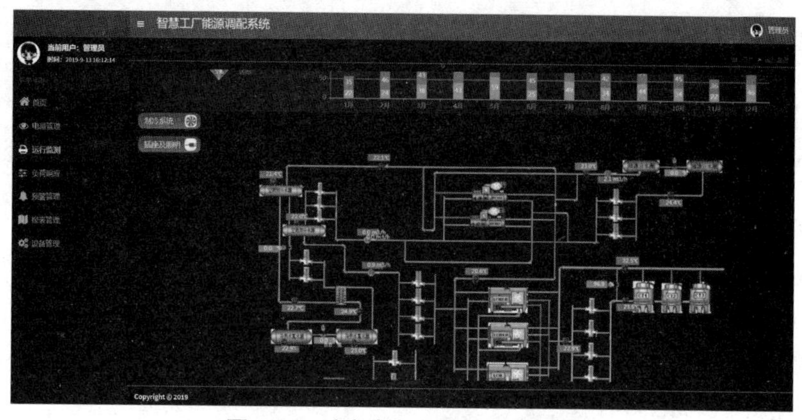

图 4-21　底部版权信息设置样式后

本项目通过对智慧工厂运行检测模块的学习，对漏斗图、饼图、旭日图数据特点具有初步了解，掌握 ECharts 的安装与使用，具有使用 ECharts 绘制漏斗图、饼图、旭日图的能力，为以后绘制更复杂的图表打下基础。

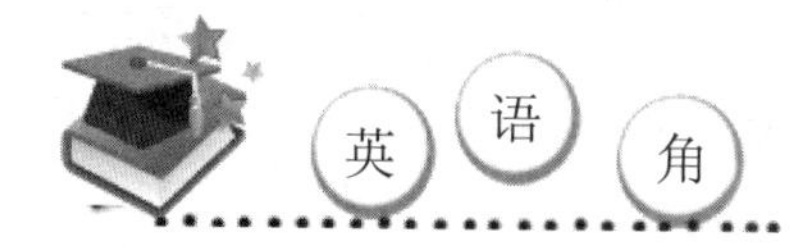

funnel	漏斗图	tooltip	工具提示
stack	堆叠	emphasis	强调
sort	排序	trigger	触发
toolbox	工具箱	feature	功能

一、选择题

1.(　　)具有顺序、多阶段、多流程等特点。

A. 漏斗图　　B. 饼图　　C. 旭日图

2. 执行(　　)方法后会传入一个具备大小的 dom 节点即实例化出图表对象。

A. setOption()　　B. init()　　C. setSeries()

3.(　　)用于配置图表实例选项。

A. setOption()　　B. init()　　C. setSeries()

4.(　　)属性用于设置鼠标悬浮交互时的信息提示。

A. tooltip　　B. grid　　C. xAxis　　D. series

5. 当使用 ECharts 旭日图时，需要将 series 中的 type 属性设置为(　　)。

A. line　　B. Funnel　　C. pie　　D. sunburst

二、填空题

1.__________初始化接口,返回 ECharts 实例。

2.setOption( )方法里 title 属性用于设置图表标题,其中__________用于设置副标题文本。

3.__________用于设置主副标题纵向间隔。

4. 设置提示框的触发类型,默认数据触发为__________。

5. 制作饼图时,设置饼图圆心坐标的属性是__________。

三、上机题

按要求使用 ECharts 绘制图表。

要求:①圆环包括正常、一般、提示、较急、特急等几类;

②点击每一类分别有提示框出现。

项目五　基于 ECharts 实现智慧工厂负荷响应模块

通过实现智慧工厂负荷响应模块，了解仪表图、雷达图、树图数据特点，学习仪表图、雷达图、树图的使用，掌握使用 ECharts 绘制图表的基本配置属性，具有使用 ECharts 绘制图表的能力。在任务实现过程中：

- 了解仪表图、雷达图、树图的应用场景；
- 掌握图表数据特点的相关知识；
- 掌握使用 ECharts 绘制图表的基本配置；
- 具有使用 ECharts 绘制图表的能力。

课程思政

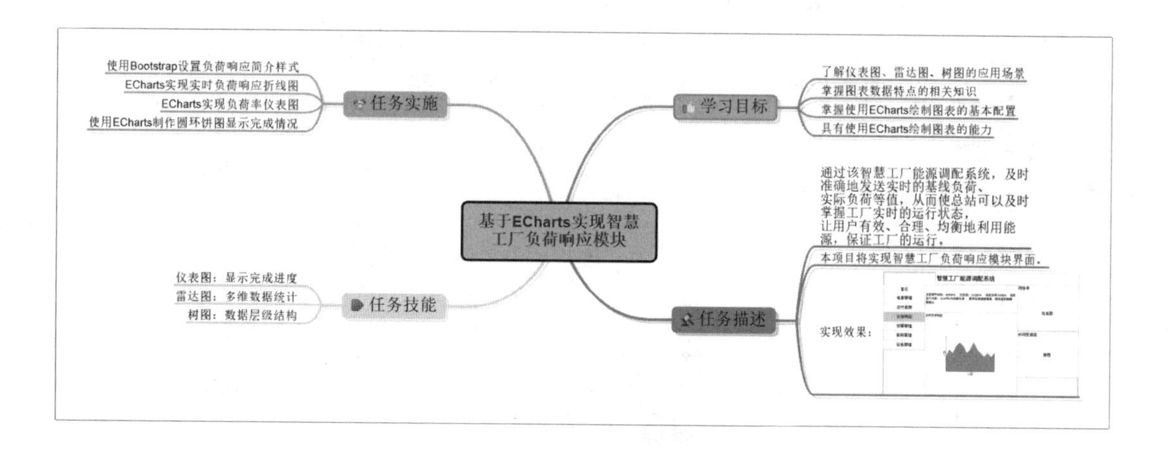

【情境导入】

近年来，随着我国工业的快速发展，能源消耗也越来越大。虽然现在相关部门通过对工厂实行分时计量的方式提高电力系统的负荷率，引导工厂有效、合理、均衡地利用电能，以达到经济运行的目的。但是效果不太理想。本项目基于对负荷控制的研究，通过该智慧工厂能源调配系统，及时准确地发送实时的基线负荷、实际负荷等值，从而使总站可以及时掌握工厂实时的运行状态，达到用户有效、合理、均衡地利用能源，保证工厂经济的运行。

【功能描述】

本项目将实现智慧工厂负荷响应模块界面。

- 使用 Bootstrap 设置负荷响应简介样式。
- ECharts 实现实时负荷响应折线图。
- ECharts 实现负荷率仪表图。
- 使用 ECharts 制作圆环饼图显示完成情况。

【基本框架】

基本框架如图 5-1 所示，通过本项目的学习，能将框架图 5-1 转换成智慧工厂负荷响应模块界面，效果如图 5-2 所示。

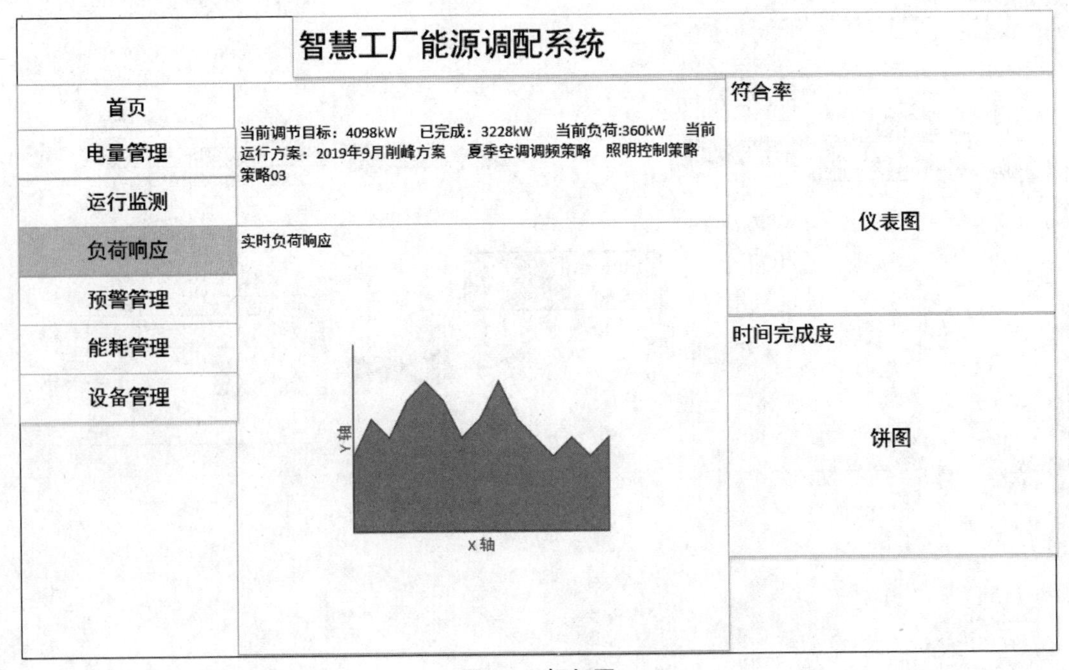

图 5-1 框架图

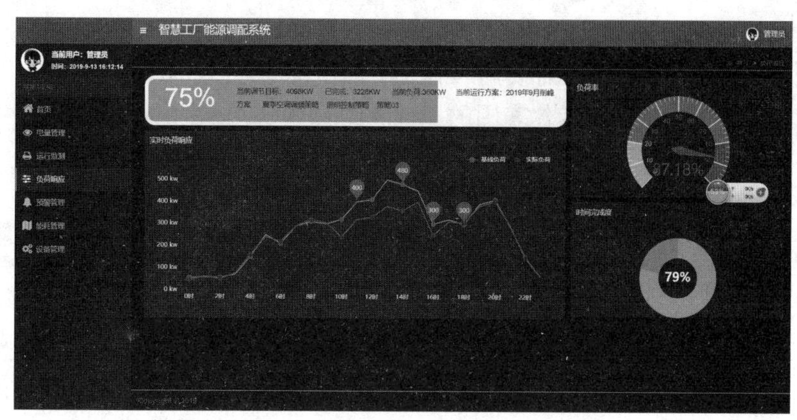

图 5-2　效果图

技能点一　仪表图:显示完成进度

仪表图也被称为拨号图表或速度表图,其实质与角坐标图没有区别,只是把原来的横轴画成了圆形,横轴的值标注在圆周上,用颜色可以划分指示值的类别,显示类似于拨号、速度计上的数据。

1. 仪表图数据特点

仪表图由一个带刻度的圆形组成,中间有一个指针指明当前显示的坐标刻度,指针角度表示数值,非常适合在量化的情况下显示单一的价值和衡量标准,不适合用于比较不同变量或者趋势的分析。

汽车通过仪表图可以显示速度等信息,如图 5-3 所示,汽车的常规仪表有车速表、转速表、机油压力表、水温表、燃油表、充电表等,通过这些仪表图用户可以清晰地了解汽车的运行情况。

图 5-3　汽车仪表图

2. 仪表图的使用

当使用 ECharts 仪表图时，需要将 series 中的 type 属性设置为“gauge”，以下为实现 ECharts 仪表图的一些通用属性，仪表图的属性介绍具体如表 5-1 所示。

表 5-1 仪表图基本配置属性说明

名称	说明
center	圆心坐标，支持绝对值（px）和百分比
radius	半径，默认值为 [0, '75%']; 支持绝对值（px）和百分比
startAngle	开始角度，默认值为 225，饼图（90）、仪表图（225），有效输入范围：[-360,360]
endAngle	结束角度，默认值为 -45，有效输入范围：[-360,360]
splitNumber	分割段数，默认为 10
axisLine	坐标轴线，默认显示，属性 show 控制显示与否
axisTick	坐标轴小标记，默认显示，属性 show 控制显示与否
axisLabel	坐标轴文本标签，属性 formatter 可以格式化文本标签，属性 textStyle 控制文本样式
splitLine	主分隔线，默认显示，属性 show 控制显示与否，属性 length 控制线长，属性 lineStyle 控制线条样式
pointer	指针样式，属性 length 控制线长，百分比相对的是仪表图的外半径
detail	仪表图详情，属性 show 控制显示与否

仪表图可用于多方面，如速度、体积、温度、进度、完成率、满意度等。例如，有以下一份数据，如图 5-4 所示，通过仪表图显示当前的温度。

通过以上表格显示，不够美观、直观，可以将这份数据用仪表图显示，把数值标注在圆周上，通过颜色来划分类别，这样显示实时的温度，更加美观大方。

使用仪表图实现室内温度显示，效果如图 5-5 所示，图中指针指向的位置是当前的数值。

类别	数值	整体感觉
begin	-10	冷
寒冷	10	还行
凉爽	15	
舒适	25	
炎热	35	热

图 5-4 仪表图数据

图 5-5 仪表图

为了实现图 5-5 效果，具体步骤如下。

第一步：准备数据（模拟数据）

如下所示为当前的室内温度。

```
{"list":[
  {"num":35,"department":"气温"}
]
}
```

第二步：指定仪表图的基本配置项，包括标题、可视化的工具箱、弹窗组件等，代码如下。

```
  title: {
            text: '气温', // 标题文本内容
        },
        toolbox: { // 可视化的工具箱
            show: true,
            feature: {
                restore: { // 重置
                    show: true
                },
                saveAsImage: {// 保存图片
                    show: true
                }
            }
        },
        tooltip: { // 弹窗组件
            formatter: "{a} <br/>{b} : {c}%"
        },
```

第三步，指定仪表图数据：series 中的 type 属性设置为 ‘gauge’，在 detail 中设置仪表图详情，用于显示数据，设置 data 属性用来表示指针的指向，代码如下所示。

```
series: [{
            name: '气温',
            type: 'gauge',
            min:-10,
            max:35,
            splitNumber:5,
            detail: {formatter:'{value}℃ '},
```

```
            data: []
        }]
```

第四步：通过 AJAX 动态获取 json 数据。设置请求数据的地址、请求成功时执行该函数内容等。

快来扫一扫！

提示：Echarts 中除了图表外还提供了很多交互组件，例如图例组件 legend、标题组件 title、视觉映射组件 visualMap、数据区域缩放组件。扫描图中二维码，了解更多交互组件的故事。

技能点二　雷达图：多维数据统计

雷达图是以至少三个定量、变量从同一点开始的轴表示的图表，也称为网络图、蜘蛛图、星图、蜘蛛网图、不规则多边形，因其形状如雷达的放射波，而且具有指引经营“航向”的作用，故而得名。雷达图的构成如图 5-6 所示。

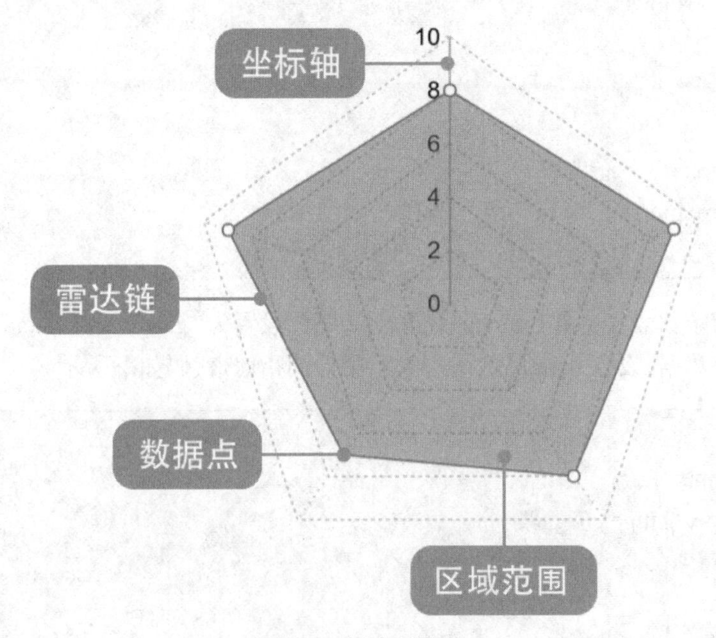

图 5-6　雷达图构成

1. 雷达图数据特点

雷达图适用于多维数据（四维以上），且每个维度可以排序。但其有一个局限，就是数据点最多六个，否则无法辨别。

某学校针对高三年级（共三个班级）的学生进行模拟考试，通过雷达图（图 5-7）可以清晰地了解该年级的成绩水平并对整体成绩进行评估，指导教学计划的制订。

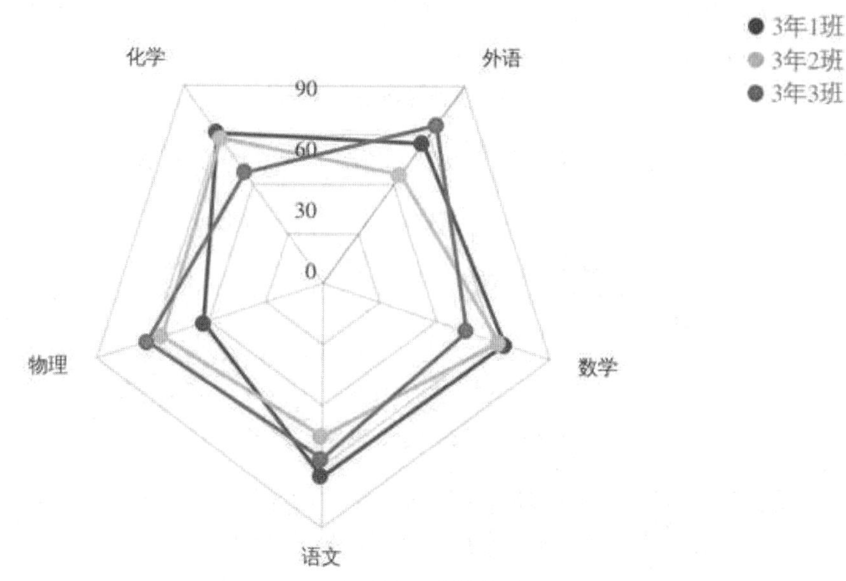

图 5-7　成绩分析

2. 雷达图的使用

当使用 ECharts 雷达图时，需要将 series 中的 type 属性设置为“radar”，以下为实现 ECharts 雷达图的一些通用属性，雷达图的属性介绍具体如表 5-2 所示。

表 5-2　雷达图属性及说明

名称	说明
series[i]-radar.type	type 设置为 radar，图表表现为雷达图
series[i]-radar.name	雷达图的名称
series[i]-radar.itemStyle	折线拐点标志的样式
series[i]-radar.lineStyle	线条样式
series[i]-radar.data[i]	雷达图的数据
legendHoverLink	是否启用图例（legend）hover 时的联动响应（高亮显示）
series[i]-radar.areaStyle.normal	通过 normal 状态设置 ECharts 雷达图区域
series[i]-radar.areaStyle.normal.color	雷达图区域填充的颜色，取值类型为 Color，默认值为 #000

我们通过虎扑网站上球员选手的个人信息（https://nba.hupu.com/stats/players/pts 虎扑网站）可以看到每位球员的信息，每个数据点有五个维度，分别是得分、篮板、助攻、抢断、封盖。具体数值如图 5-8 所示。

球员 球队

得分 投篮 三分 罚球 篮板 助攻 盖帽 抢断

排名	球员	球队	得分	命中-出手	命中率	命中-三分	三分命中率	命中-罚球	罚球命中率	场次	上场时间
1	詹姆斯-哈登	火箭	31.60	9.90-24.00	41.3%	4.40-12.40	35%	7.40-8.90	83.7%	11	38.50
2	科怀-伦纳德	猛龙	30.50	10.10-20.70	49%	2.30-6.00	37.9%	8.00-9.00	88.4%	24	39.10
3	保罗-乔治	雷霆	28.60	8.80-20.20	43.6%	3.00-9.40	31.9%	8.00-9.80	81.6%	5	40.80
4	斯蒂芬-库里	勇士	28.20	8.60-19.60	44.1%	4.20-11.10	37.7%	6.70-7.10	94.3%	22	38.50

图 5-8 雷达图数据(1)

图 5-8 只能看到球员的部分信息,点击球员姓名可以查看对应球员详细信息,如图 5-9 所示。

詹姆斯-哈登常规赛表现 詹姆斯-哈登季后赛表现 切换至图表模式

本赛季季后赛平均数据

场次	时间	投篮	命中率	三分	命中率	罚球	命中率	篮板	助攻	抢断	盖帽	失误	犯规	得分
11	38.5	9.9-24.0	41.3%	4.4-12.5	35.0%	7.5-8.9	83.7%	6.9	6.6	2.18	0.91	4.64	3.73	31.6

图 5-9 雷达图数据(2)

为了分析以上运动员每项得分情况,可以采用雷达图显示以上数据。使用雷达图实现四名球员篮板、助攻、抢断、封盖等方面的得分对比效果如图 5-10 所示。

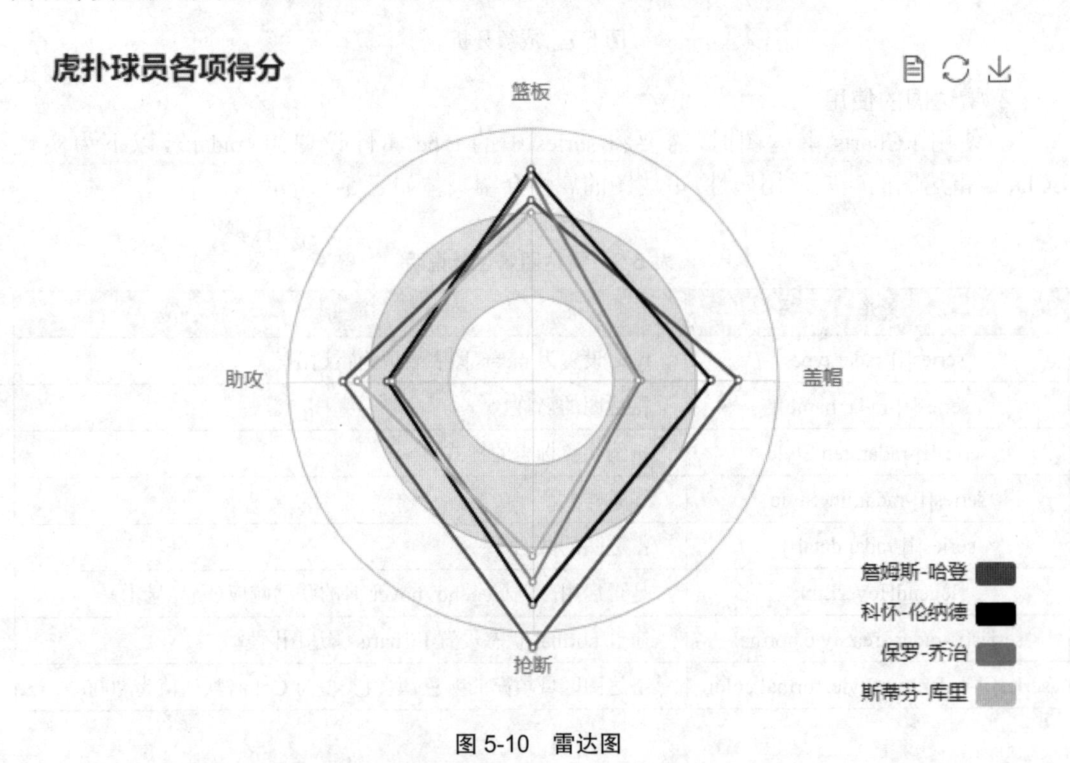

图 5-10 雷达图

为了实现图 5-10 效果,具体步骤如下。

第一步:准备数据。如 CORE0501 所示为虎扑网站上球员选手各项得分数据,其为一个由 name、value 组成的数组。

代码 CORE0501：设置雷达图数据

```
[
{"value":[6.9,6.6,2.18,0.91],"name":"詹姆斯 - 哈登"},
 {"value":[9.1,3.9,1.67,0.71],"name":"科怀 - 伦纳德"},
 {"value":[8.6,3.6,1.4,0.2],"name":"保罗 - 乔治"},
 {"value":[6,5.7,1.09,0.18],"name":"斯蒂芬 - 库里"}
]
```

第二步：设置雷达图标题组件、提示框、图例组件等，通过 orient 属性设置图例的方向，通过 data 属性设置图例数据。代码如 CORE0502 所示。

代码 CORE0502：设置雷达图标题组件、提示框、图例组件等

```
title : {
        text: '虎扑球员各项得分'
    },
    tooltip : {
        trigger: 'axis'
    },
    legend: {
        orient : 'vertical',
        x : 'right',
        y : 'bottom',
        data:[]
    },
    toolbox: {
        show : true,
        feature : {
            mark : {show: true},
            dataView : {show: true, readOnly: false},
            restore : {show: true},
            saveAsImage : {show: true}
        }
    },
```

第三步：设置雷达图名称、圈数、指示器等。通过 splitNumber 属性设置雷达图圈数，axisLine 属性设置雷达图中间射线颜色。代码如 CORE0503 所示。

代码 CORE0503：设置雷达图名称、圈数、指示器

```
radar : [
    {
        shape: 'circle',
        splitNumber: 3, // 雷达图圈数设置
        name: {
            textStyle: {
                color: '#838D9E',
            },
        },
        // 设置雷达图中间射线的颜色
        axisLine: {
            lineStyle: {
                color: 'rgba(131,141,158,.1)',
            },
        },
        indicator : [
            { text: '篮板'},
            { text: '助攻'},
            { text: '抢断'},
            { text: '盖帽'},
        ],
    }
],
series : [
    {
        name: '某球队篮球选手各项得分',
        type: 'radar',
        data : []
    }
]
```

第四步：通过 AJAX 动态获取 json 数据。设置请求数据的地址、请求成功时执行该函数内容等。

技能点三　树图:数据层级结构

树图是一种利用包含关系表达层次化数据的可视化图表，以父子层次结构来组织对象，绘制树图有助于思维从一般到具体的逐步转化。

1. 树图数据特点

树图数据是一组以父元素 name 和子元素 children 的数组对象组成，子元素又是以若干个父元素 name 和子元素 children 为属性的对象，因此有多少树枝，就会对应地有多少层子元素，其适用于与组织结构有关的分析，如查看某个省份下各地级市的收入状况，那么省份与地级市之间的关系就可以看作父子层次结构。

树图具有以下的特点：

- 每个节点有零个或多个子节点；
- 没有父节点的节点称为根节点；
- 每一个非根节点有且只有一个父节点；
- 除了根节点外，每个子节点可以分为多个不相交的子树。

2. 树图的使用

当使用 ECharts 树图时，需要将 series 中的 type 属性设置为“tree”，下面介绍了 ECharts 树图的一些通用属性，树图的属性介绍具体如表 5-3 所示。

表 5-3　树图属性及说明

名称	说明
rootLocation	根节点坐标，支持绝对值（px）、字符和百分比
layerPadding	层间距，默认 100
nodePadding	节点间距，默认 30
orient	树的方向可选，默认为 vertical', vertical' | 'horizontal' | 'radial'
symbol	节点类型
symbolSize	节点的大小
data	数据源，是一个数组，一组数据源由父元素 name 和子元素 children 组成

data 属性是一个数组对象，对象里的属性说明如表 5-4 所示。

表 5-4　data 属性及说明

名称	说明
name	数据名称
value	数据值

续表

名称	说明
children	子节点，每项的属性和父节点相同
itemStyle	图形样式

使用树图（tree）实现某家庭家谱的效果如图 5-11 所示。

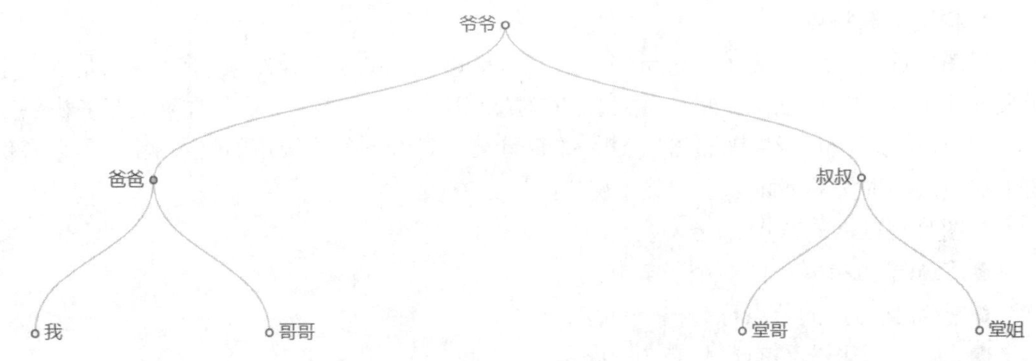

图 5-11 树图

为了实现图 5-11 效果，具体步骤如下。

第一步：准备数据。其中数据是一个数组形式，它是用来表示多个数据源，一组数据源由父元素 name 和子元素 children 组成，子元素又是以若干个父元素 name 和子元素 children 组成，因此构成了一个对象数组。如下代码为某家庭家谱的数据。

```
{
 "children": [
  {
   "children": [
    {
     "children": [],
     "name": "我"
    },
    {

     "children": [],
     "name": "哥哥"
    }
   ],
   "name": "爸爸"
  },
```

```
    {
      "children": [
        {
          "children": [],
          "name": "堂哥"
        },
        {
          "children": [],
          "name": "堂姐"
        }
      ],
      "name": "叔叔"
    }
  ],
  "name": "爷爷"
}
```

第二步：获取树图 json 数据并设置提示框选项，代码如 CORE0504 所示。

代码 CORE0504：树图选项

```
var myChart = echarts.init(document.getElementById('sun'));
myChart.showLoading();
$.get('tree.json', function (data) {
    myChart.hideLoading();
    myChart.setOption(option = {
        tooltip: {
            trigger: 'item',
            triggerOn: 'mousemove'
        },
        // 树图 series
    });
});
myChart.setOption(option);
```

第三步：设置树图样式。其中包括树图排列方式、根节点的位置、连接线长度、节点间距、子树折叠和展开的交互效果等。设置代码如 CORE0505 所示。

代码 CORE0505：设置树图样式

```
series: [
```

```
        {
          type: 'tree',
          nodePadding:'20',
          data: [data],
          left: '2%',
          right: '2%',
          top: '15%',
          bottom: '10%',
          symbol: 'emptyCircle',
          orient: 'vertical',
          expandAndCollapse: false,// 默认：true；子树折叠和展开的交互，默认打开 。
          initialTreeDepth:4,// 默认：2，树图初始展开的层级（深度）。根节点是第 0
层，然后是第 1 层、第 2 层，...，直到叶子节点
          label: {
            normal: {
              position: 'left',
              verticalAlign: 'middle',
              align: 'right',
              fontSize: 18
            }
          },
    // 叶子节点的特殊配置，如上面的树图示例中，叶子节点和非叶子节点的标签位置不
同
          leaves: {
            label: {
              normal: {
                position: 'right',
                verticalAlign: 'middle',
                align: 'left'
              }
            }
          },
        expandAndCollapse: true,   // 子树折叠和展开的交互，默认打开
        animationDuration: 550,    // 初始动画的时长，支持回调函数，默认 1000
        animationDurationUpdate: 750// 数据更新动画的时长，默认 300
        }
      ]
```

快来扫一扫！

提示：当我们对 Tableau 有所了解之后，就能简单绘制基本图表了。想要了解更多关于 Tableau 的知识扫描图中二维码，了解更多信息。

任务实施

通过下面六个步骤的操作，实现图 5-2 所示的智慧工厂负荷响应模块界面的效果。

第一步：准备数据（模拟数据）。

将一天内实时负荷响应、基线负荷数据汇总统计，如表 5-5 所示。

表 5-5　实时负荷响应　　kW

时间	实际负荷	基线负荷
0 时	45	55
1 时	61	58
2 时	50	56
3 时	75	70
4 时	160	150
5 时	240	250
6 时	220	210
7 时	290	290
8 时	320	310
9 时	305	300
10 时	240	320
11 时	320	400
12 时	330	410
13 时	380	500
14 时	360	480
15 时	400	450
16 时	250	300
17 时	310	320
18 时	305	300
19 时	381	390
20 时	402	410

续表

时间	实际负荷	基线负荷
21 时	293	290
22 时	145	150
23 时	61	60

第一步：打开 webstrom 软件，点击创建并保存为 CORE0507.html 文件，并通过外联方式导入 CSS 文件和 JS 文件。代码如 CORE0506 所示。

代码 CORE0506：引入文件

```
<!DOCTYPE html>
<html>
<head>
    <meta charset="utf-8">
    <meta http-equiv="X-UA-Compatible" content="IE=10">
    <title> 响应效果评价 </title>
<meta content="width=device-width, initial-scale=1, maximum-scale=1,
 user-scalable=no" name="viewport">
    <!-- 左侧、顶部样式 -->
    <link rel="stylesheet" href="bootstrap/css/bootstrap.css">
    <link rel="stylesheet" href="dist/css/AdminLTE.css">
    <link rel="stylesheet" href="dist/css/skins/_all-skins.css">
    <!-- 主体内容样式 -->
    <link rel="stylesheet" href="vince/css/vince.css">
    <!-- 左侧菜单图标 -->
<link rel="stylesheet" href="vince/biao/css/font-awesome.min.css">
    <script src="plugins/jQuery/jquery-2.2.3.min.js"></script>
    <script src="bootstrap/js/bootstrap.min.js"></script>
    <script src="vince/js/demo.js"></script>
    <script src="vince/js/EChartss.min.js"></script>
</head>
<body>
</body>
</html>
```

第二步：页面布局。

使用栅格系统布局，设置两个 div 容器放置图表，将页面主体内容部分二、八分，并设置 div 的 ID 标识，代码 CORE0507 如下所示。效果如图 5-12 所示。

代码 CORE0507：页面布局

```
<div class="content-wrapper">
    <section class="content-header">
      <ol class="breadcrumb">
        <li><a href="#"><i class="fa fa-dashboard"></i> 首页 </a></li>
        <li class="active"> 负荷响应 </li>
      </ol>
    </section>
    <div class="content qqq">
      <div class="xyxgpj">
        <div class="row">
          <div class="col-md-8  xyxgpj_center">
          </div>
          <div class="col-md-4">
          </div>
        </div>
      </div>
    </div>
  </div>
```

图 5-12　页面布局

第三步：负荷响应简介的制作。

使用 div 背景颜色显示当前负荷响应百分比、字体颜色等，代码 CORE0508 如下，效果如图 5-13 所示。

代码 CORE0508：负荷响应简介的制作

```
<div class="xyxgpj_top_nei">
    <!-- 当前进度背景颜色 -->
```

```
<div class="xyxgpj_baifen"></div>
   <div class="xyxypj_left">
    <p>75%</p>
   </div>
<!-- 文字描述 -->
   <div class="xyxgpj_right">
       <p> 当前调节目标：4098kW      已完成：3228kW      当前负荷 :360kW      当前运行方案：2019 年 9 月削峰方案      夏季空调调频策略    照明控制策略    策略 03</p>
</div>
</div>
```

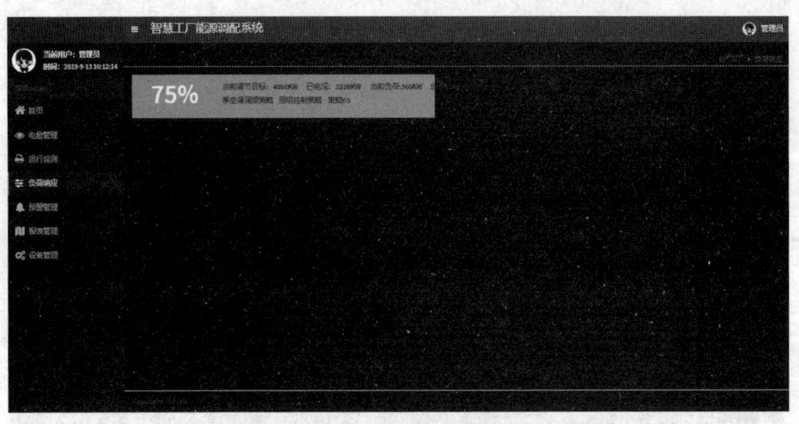

图 5-13 负荷响应设置样式前

设置负荷响应界面的样式，设置背景颜色、边框阴影、弧度等。部分代码 CORE0509 如下，设置样式后效果如图 5-14 所示。

代码 CORE0509：设置样式

```
// 当前进度背景颜色
.xyxgpj_baifen{position: absolute;height: 100%;width: 70%;background:#89b329;z-index: 1;}
.xyxgpj_center .nei{margin: 0 10px;}
// 设置字体间距
.xyxgpj_top_nei{border:7px solid #fff;border-radius: 20px;position:
 relative;background:#fff;overflow: hidden;}
// 左边百分比样式
.xyxypj_left{height: 100%;width: 20%;float: left;min-height: 50px;position: relative;z-index: 2;}
```

```
.xyxypj_left p{font-size: 50px;color: #fff;text-align: center;}
// 右边文字描述样式
.xyxgpj_right{height: 100%;width: 80%;float: left;min-height: 50px;position: relative;z-index: 2;}
.xyxgpj_right p{padding: 10px;color: #000;line-height: 26px;}
```

图 5-14　负荷响应设置样式后

第四步：实时负荷响应的制作。

通过折线图显示 0 至 22 时基线负荷、实际负荷，代码如 CORE0510 所示，效果如图 5-15 所示。

代码 CORE0510：实时负荷响应的制作

```
<div class="EChartss_two">
    <p> 实时负荷响应 </p>
    <div class="EChartss_xyxgpj_two" id="EChartss_xyxgpj_4"></div>
</div>
```

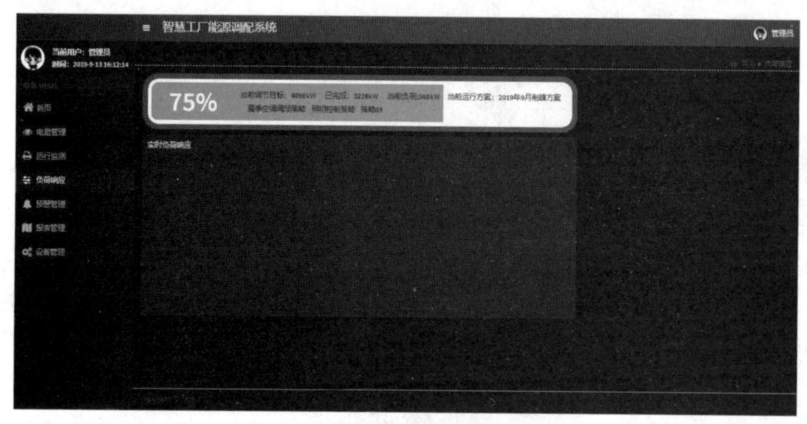

图 5-15　实时负荷响应的制作(1)

● 设置折线图提示框。通过 trigger 属性设置提示框的触发类型，默认数据触发为 'item'；通过 formatter 属性设置内容格式器，默认为 '{a} < br/>{b} : {c}'。折线图提示框选项配置代码如下所示。

```
// 提示框
var myChart4 = ECharts s.init(document.getElementById('ECharts s_xyxgpj_4'));
  option4= {
    textStyle:{color:'#fff'},
    tooltip: {
      trigger: 'item',
      formatter: '{a} <br/>{b} : {c}'},
}
```

● 设置图表图例选项。设置图例内容数组，折线图图例选项配置代码如下所示。

```
  // 折线图图例
  legend: {
       orient: 'horizontal',
       right:'3%',
       top:'3%',
       data:['基线负荷','实际负荷'],
       textStyle:{color:'#fff'}
},
```

● xAxis、yAxis 配置项。x、y 坐标轴字体颜色和宽度设置，代码如下所示。

```
 xAxis: {
       type: 'category',
       splitLine: {
          show: true,
          lineStyle:{
             color:'rgba(43,46,56,0.8)'}},
       data: []},
    yAxis: {
       axisLabel: {
          formatter: '{value} kW'
       },
       splitLine: {
          show: true,
          lineStyle:{
```

```
            color:'rgba(43,46,56,0.8)'}},
        scale:true},
    grid: {
        left: '3%',
        right: '4%',
        bottom: '3%',
        containLabel: true},
```

● 设置图表数据选项。通过 type 指定图表类型，data 属性指定图表的数据项等。具体代码如下。

```
series: [
    {
        name: '基线负荷',
        type: 'line',
        data: [],
        markPoint: {
            data: [
                { name: '策略 1 开启时间',
                    coord: ['11 时', 400],
                    name: '11 时 0 分 0 秒',
                    value:'<br/> 策略 1 开启',
                    label:{
                        normal:{
                            show:'true'
                        }}}},
                { name: '策略 2 开启时间',
                    coord: ['14 时', 480],
                    name: '14 时 0 分 0 秒',
                    value:'<br/> 策略 2 开启'},
                { name: '策略 1 关闭时间',
                    coord: ['16 时', 300],
                    name: '16 时 0 分 0 秒',
                    value:'<br/> 策略 1 关闭'},
                { name: '策略 2 关闭时间',
                    coord: ['18 时', 300],
                    name: '18 时 0 分 0 秒',
                    value:'<br/> 策略 2 关闭'},
            ]},
```

```
            symbol:'circle',
            symbolSize:10,
            lineStyle:{normal:{color:'#ff6b6b'}}},
        {
            name: '实际负荷',
            type: 'line',
            data: [],
            symbol:'circle',
            symbolSize:10,
            lineStyle:{normal:{color:'#1571b0'}}}
    ]
```

● 第四步：通过 AJAX 动态获取 json 数据。设置请求数据的地址、请求成功时执行该函数内容等。实现效果如图 5-16 所示。

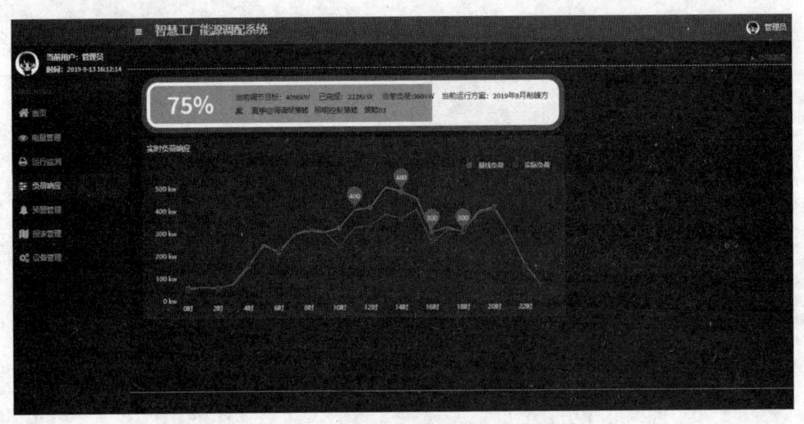

图 5-16　实时负荷响应的制作（2）

第五步：负荷率的制作。

● 使用仪表图显示负荷率，代码如 CORE0511 所示，效果如图 5-17 所示。

代码 CORE0511：负荷率的制作

```
<div class="ECharts_qu">
    <p style="color: #fff;line-height: 30px;padding-left: 10px;padding-top: 5px;margin: 0;">
        负荷率
    </p>
    <div class="EChartss_xyxgpj_one"  id="EChartss_xyxgpj_three">
    </div>
</div>
```

● 设置仪表图选项。把 series 中的 type 属性设置为“gauge”，然后在 detail 中设置仪表图详情，用于显示数据。最常用的是 formatter(格式化函数或者字符串)。代码如 CORE0512 所示。

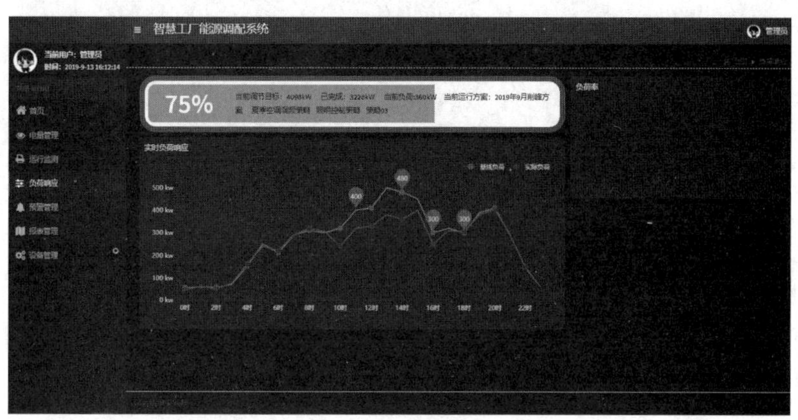

图 5-17　负荷率的制作(1)

代码 CORE0512：负荷率的制作

```
var myChart3 = EChartss.init(document.getElementById('EChartss_xyxgpj_three'));
option3 = {
  tooltip: {
    formatter: "{a} <br/>{b} : {c}%"
  },
  toolbox: {
    feature: {
      restore: {},
      saveAsImage: {}
    }
  },
  series: [
    {
      name: '业务指标',
      type: 'gauge',
      detail: {formatter: '{value}%'},
      data: [{value: 50, name: '负荷率'}],
      radius: "90%",        // 参数 :number, string。仪表图半径，默认 75%，可以是
相对于容器高宽中较小的一项的一半的百分比，也可以是绝对的数值。
      center: ["50%", "45%"], // 仪表图位置 ( 圆心坐标 )
      startAngle: 225,        // 仪表图起始角度，默认 225。圆心 正右手侧为 0 度，
正上方为 90 度，正左手侧为 180 度。
```

```
            endAngle: -45,          // 仪表图结束角度 , 默认 -45
            clockwise: true,        // 仪表图刻度是否是顺时针增长 , 默认 true。
            min: 0,                 // 最小的数据值 , 默认 0 。映射到 minAngle。
            max: 100,               // 最大的数据值 , 默认 100 。映射到 maxAngle。
            splitNumber: 10,        // 仪表图刻度的分割段数 , 默认 10。


        }
    ]
};
myChart3.setOption(option3);
```

● 设置 data 属性用来表示指针的指向，设置 value 的值为每隔 2 秒就随机生成一个数，模拟显示指针的动态显示。代码如 CORE0513 所示，效果如图 5-18 所示。

代码 CORE0513：设置 data 属性用来表示指针的指向

```
setInterval(function () {
    option3.series[0].data[0].value = (Math.random() * 100).toFixed(2) - 0;
    myChart3.setOption(option3, true);
}, 2000);
myChart3.resize();
```

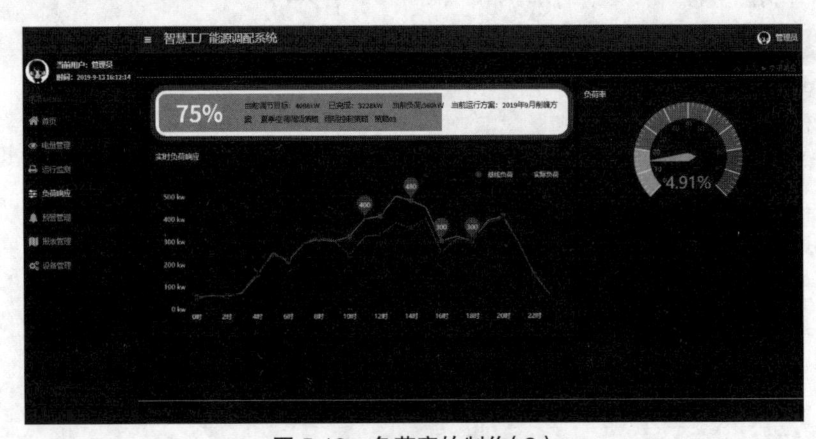

图 5-18　负荷率的制作（2）

第六步：时间完成度的制作。

使用圆环饼图显示完成情况，代码如 CORE0514 所示，效果如图 5-19 所示。

代码 CORE0514：时间完成度的制作

```
<div class="ECharts_qu margin10">
        <p style="color: #fff;line-height: 30px;padding-left: 10px;padding-top: 5px;margin:
0;">
```

```
        时间完成度
        </p>
    <div class="EChartss_xyxgpj_two" id="EChartss_xyxgpj_two">
    </div>
    </div>
```

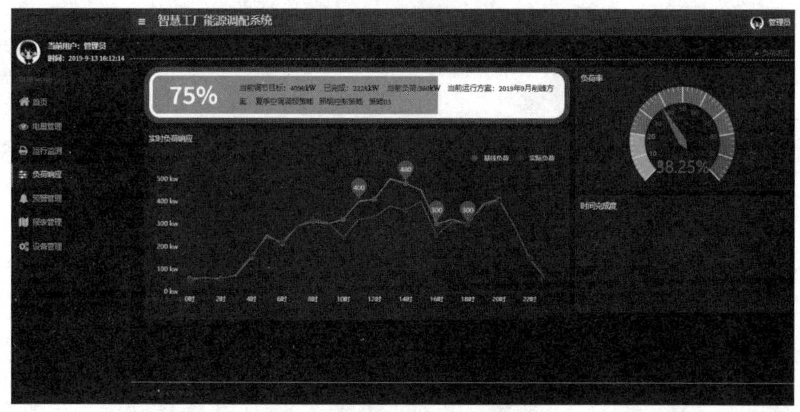

图 5-19　时间完成度的制作(1)

设置圆环的配置项和数据。设置图表的标题、系列列表等。代码如 CORE0515 所示，效果如图 5-20 所示。

代码 CORE0515：时间完成度的制作

```
var myChart2 = EChartss.init(document.getElementById('EChartss_xyxgpj_two'));
 option2 = {
   title: {
     textStyle: {
       color: '#fff',
       fontSize: 14,
       fontWeight: 'normal'
     },
     padding: 10
   },
   series: [{
     name: '时间完成度',
     type: 'pie',
     radius: ['35%', '70%'],
     center: ['50%', '50%'],
     avoidLabelOverlap: false,
     label: {
```

```
            normal: {
                show: true,
                textStyle: {
                    fontSize: '24',
                    fontWeight: 'bold',
                    color: '#fff'
                },
                position: 'center'
            },
            emphasis: {
                show: true,
                textStyle: {
                    fontSize: '20',
                    fontWeight: 'bold',
                    color: '#fff'
                }
            }
        },
        data: [
            {value: 79, name: '79%'},
            {value: 21, name: ''},],
        color: ['#55c45f', '#ff6b6b']
    }]
};
myChart2.setOption(option2);
    myChart2.resize();
```

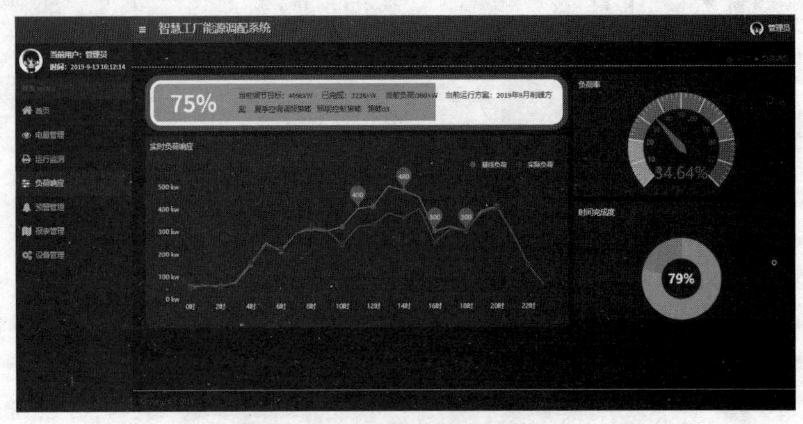

图 5-20　时间完成度的制作(2)

至此智慧工厂负荷响应模块界面制作完成。

本项目通过对智慧工厂负荷响应模块的学习，对仪表图、雷达图、树图数据特点有初步了解，掌握使用 ECharts 绘制仪表图、雷达图、树图的相关配置选项，具有使用 ECharts 绘制仪表图、雷达图、树图的能力，为以后实现各个功能打下基础。

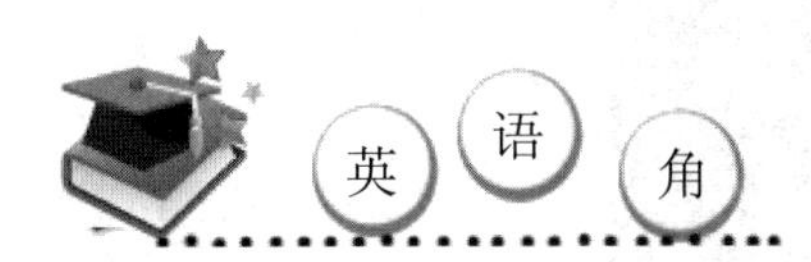

gauge	仪表图	layerPadding	层间距
indicator	指示器	rootLocation	根节点坐标
radar	雷达图	nodePadding	节点间距
symbol	象征	symbol	节点类型

一、选择题

1. 当使用 ECharts 仪表图时，需要将 series 中的 type 属性设置为（　　）。

A. gauge　　B. radar　　C. tree　　D. line

2. 制作仪表图时，以下哪个属性是设置仪表图半径（　　）。

A. radius　　B. startAngle　　C. center　　D. endAngle

3.（　　）表示雷达图是否启用图例（legend）hover 时的联动响应（高亮显示）。

A. type　　B. legendHoverLink　　C. legendHover　　D. areaStyle

4.（　　）属性是仪表图分割段数，默认为 10。

A. startAngle　　B. endAngle　　C. splitNumber　　D. radius

5. 制作树图以下哪个属性是控制树图的方向（　　）。

A. layerPadding　　B. nodePadding　　C. symbol　　D. orient

二、填空题

1.__________坐标轴文本标签，属性 formatter 可以格式化文本标签，属性 textStyle 控制文本样式。

2.__________指针样式，属性 length 控制线长，百分比相对的是仪表图的外半径。

3.__________用于控制树图节点类型。

4. 树图中数据源，是一个数组，一组数据源由父元素 name 和__________组成。

5.__________是坐标轴线，默认显示，属性 show 控制显示与否。

三、上机题

按要求使用 ECharts 绘制图表。

要求：①由三个仪表图组成；

②背景颜色为黑色，具有刷新和下载工具箱。

项目六　基于 pyecharts 实现智慧工厂预警管理模块

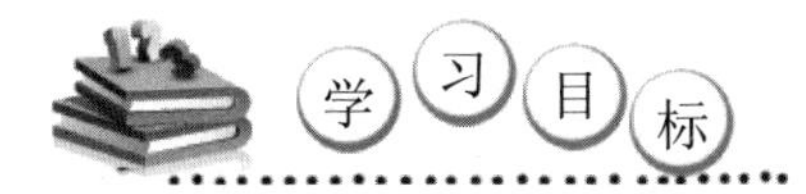

通过实现智慧工厂预警管理模块，了解关系图、散点图、桑基图数据特点，学习关系图、散点图、桑基图的使用，掌握使用 pyecharts 绘制图表的基本配置，具有使用 pyecharts 绘制图表的能力。在任务实现过程中：

课程思政

- 了解关系图、散点图、桑基图的应用场景；
- 掌握关系图、散点图、桑基图数据特点；
- 掌握 pyecharts 的安装与使用；
- 具有使用 pyecharts 绘制图表的能力。

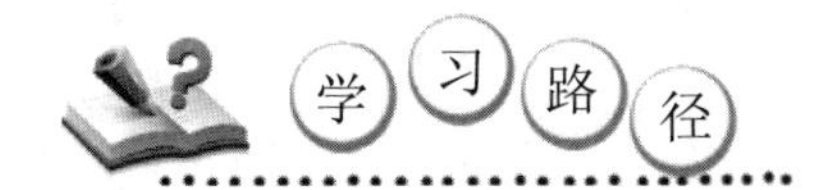

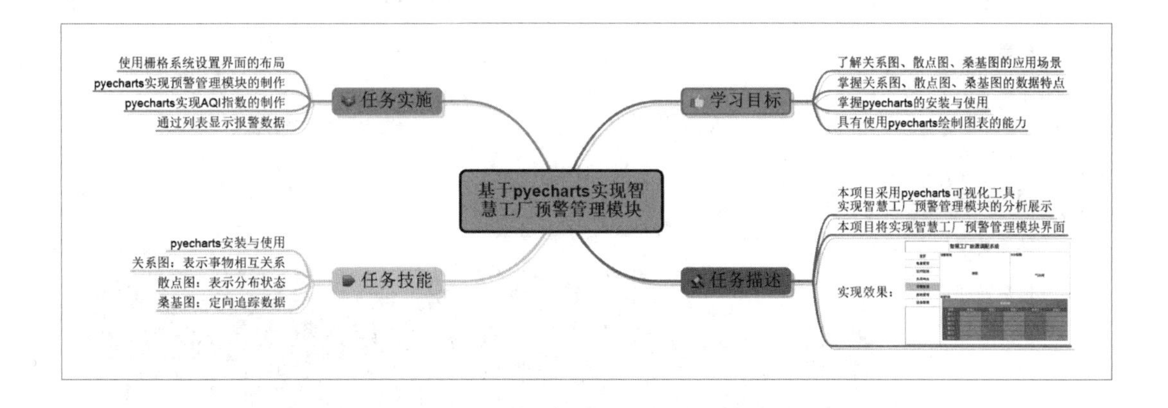

【情境导入】

在工厂运行过程中，设备故障是不可避免的，每一个工厂都会出现设备故障，这些设备发生故障的原因有很多，如电压过高，电流过大，非工作时间用电，等等。因此，企业决定对各个工厂的设备故障类型进行统计，提出合理的解决方案，确保工厂能够正常运行。本项目采用 pyecharts 可视化工具实现智慧工厂预警管理模块的分析与展示。

【功能描述】

本项目将实现智慧工厂预警管理模块界面。

- 使用栅格系统设置界面的布局。
- pyecharts 实现预警管理模块的制作。
- pyecharts 实现 AQI 指数的制作。
- 通过列表显示报警数据。

【基本框架】

基本框架如图 6-1 所示，通过本项目的学习，能将框架图 6-1 转换成智慧工厂预警管理模块界面，效果如图 6-2 所示。

智慧工厂能源调配系统

首页
电量管理
运行监测
负荷响应
预警管理
能耗管理
设备管理

预警管理
饼图

AQI指数
气泡图

数据列表

数据列表

序号	阶段 1	阶段 2	阶段 3	阶段 4	阶段 5
部门1					
部门2					
部门3					
部门4					
部门5					
部门6					

图 6-1　框架图

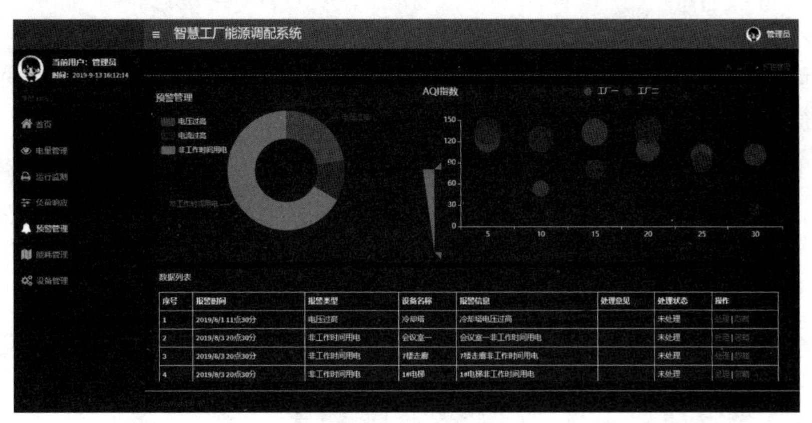

图 6-2　效果图

技能点一　pyecharts 安装与使用

1.pyecharts 下载与安装

使用 pyecharts 绘制图表的步骤如下。

第一步：下载。

在 python 官网（https://www.python.org/downloads/windows/）下载相对应的 python 版本，如图 6-3 所示。

Stable Releases

- Python 3.7.3 - March 25, 2019

  Note that Python 3.7.3 *cannot* be used on Windows XP or earlier.

  - Download Windows help file
  - Download Windows x86-64 embeddable zip file
  - Download Windows x86-64 executable installer　Windows 64位桌面可执行文件
  - Download Windows x86-64 web-based installer
  - Download Windows x86 embeddable zip file
  - Download Windows x86 executable installer　Windows 32位桌面可执行文件
  - Download Windows x86 web-based installer

图 6-3　下载 Python

第二步：安装。

建议选择自定义安装，勾选“Add Python 3.7 to PATH”，表示自动配置环境变量，后续不需要手动进行配置，如图 6-4 所示。

图 6-4 执行下载的 .exe 文件

第三步：验证。

在 Windows 系统的开始菜单，输入 cmd 指令，启动命令窗口，在当前的命令窗口输入 python，出现如图 6-5 所示信息，则代表 Python 安装成功。

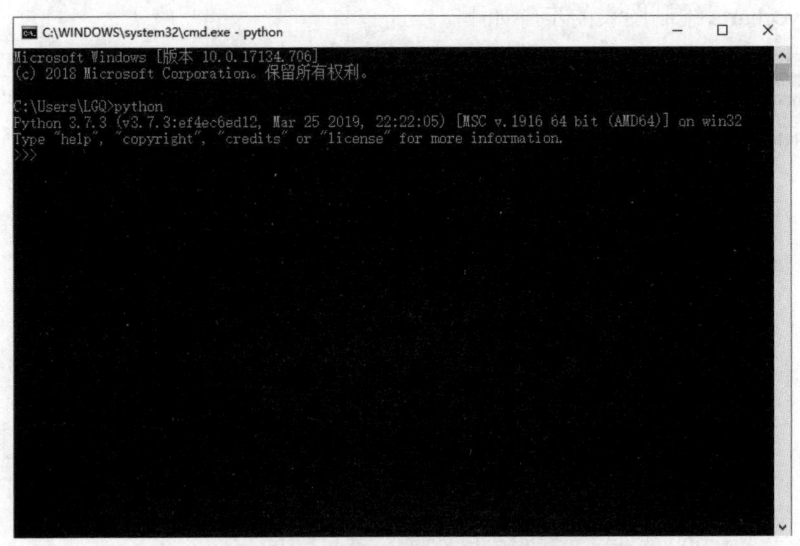

图 6-5 验证安装 Python 是否成功

第四步：安装 pyecharts。

打开 cmd 命令窗口执行如下语句安装 pyecharts，效果如图 6-6 所示。

```
pip install pyecharts
```

```
C:\WINDOWS\system32\cmd.exe
Microsoft Windows [版本 10.0.17134.706]
(c) 2018 Microsoft Corporation。保留所有权利。

C:\Users\LGQ>pip install pyecharts
Collecting pyecharts
  Using cached https://files.pythonhosted.org/packages/aa/5b/a9f49416943f4143d5b0cd2bc2d706d2dbc2a046fbf794e3b3f5c77f0d8
6/pyecharts-1.0.0-py2.py3-none-any.whl
Collecting jinja2 (from pyecharts)
  Using cached https://files.pythonhosted.org/packages/1d/e7/fd8b501e7a6dfe492a433deb7b9d833d39ca74916fa3bc63dd1a4947a67
1/Jinja2-2.10.1-py2.py3-none-any.whl
Collecting prettytable (from pyecharts)
  Using cached https://files.pythonhosted.org/packages/ef/30/4b0746848746ed5941f052479e7c23d2b56d174b82f4fd34a25e389831f
5/prettytable-0.7.2.tar.bz2
Collecting MarkupSafe>=0.23 (from jinja2->pyecharts)
  Using cached https://files.pythonhosted.org/packages/65/c6/2399700d236d1dd681af8aebff1725558cddfd6e43d7a5184a675f4711f
5/MarkupSafe-1.1.1-cp37-cp37m-win_amd64.whl
Installing collected packages: MarkupSafe, jinja2, prettytable, pyecharts
  Running setup.py install for prettytable ... done
Successfully installed MarkupSafe-1.1.1 jinja2-2.10.1 prettytable-0.7.2 pyecharts-1.0.0
You are using pip version 19.0.3, however version 19.1.1 is available.
You should consider upgrading via the 'python -m pip install --upgrade pip' command.

C:\Users\LGQ>
```

表示安装成功，并显示pip版本号

图 6-6 验证 pyecharts 安装是否成功

2.pyecharts 使用

以下为实现 pyecharts 绘制图表用到的基本方法。具体方法及说明如表 6-1 所示。

表 6-1 实例方法说明

方法	说明
add()	用于添加图表的数据和设置各种配置项
show_config()	打印输出图表的所有配置项
render()	默认将会在根目录下生成一个 render.html 的文件

使用 pyecharts 绘制图表的通用配置项包括 xyAxis、dataZoom、legend、label、lineStyle 等内容，这些内容统称为图表实例选项，配置图表实例选项需要通过 add() 方法，具体说明如下。

● add() 方法的 xyAxis 属性用于设置图表直角坐标系中的 x、y 轴，详细介绍如表 6-2 所示。

表 6-2 图表 xyAxis 选项

名称	类型	说明
xy_text_size	int	x 轴和 y 轴字体大小
namegap	int	坐标轴名称与轴线之间的距离
x_axis	list	x 轴数据项
xaxis_name	str	x 轴名称
xaxis_name_pos	str	x 轴名称位置，有 'start','middle','end' 可选

● add() 方法的 dataZoom 属性用于区域缩放，从而能自由关注细节的数据信息，或概览数据整体，或去除离群点的影响，详细介绍如表 6-3 所示。

表 6-3 图表 dataZoom 选项

名称	类型	说明
is_datazoom_show	Boolean	是否使用区域缩放组件，默认为 False
datazoom_type	str	坐标轴名称与轴线之间的距离
datazoom_range	list	区域缩放的范围，默认为 [50, 100]
datazoom_orient	str	在直角坐标系中的方向，默认为 'horizontal'，效果显示在 x 轴。如若设置为 'vertical' 的话效果显示在 y 轴

● add() 方法的 legend 属性用于设置图表图例，用来展现不同系列的标记 (symbol)、颜色和名字，详细介绍如表 6-4 所示。

表 6-4 图表 legend 选项

名称	类型	说明
is_legend_show	Boolean	是否显示顶端图例，默认为 True
legend_orient	str	图例列表的布局朝向，默认为 'horizontal'，有 'horizontal', 'vertical' 可选
legend_top	str	标签的位置，Bar 图默认为 'top'，有 'top', 'left', 'right', 'bottom', 'inside', 'outside' 可选
label_text_color	str	标签字体颜色，默认为 "#000"

● add() 方法的 label 属性用于设置图表图形上的文本标签，可用于说明图形的一些数据信息，详细介绍如表 6-5 所示。

表 6-5 图表 label 选项

名称	类型	说明
is_label_show	Boolean	是否正常显示标签，默认不显示
is_emphasis	Boolean	是否高亮显示标签，默认显示。高亮标签即选中数据时显示的信息项
label_pos	str	图例组件离容器上侧的距离，默认为 'top'，有 'top', 'center', 'bottom' 可选
label_text_color	str	标签字体颜色，默认为 "#000"
label_text_color	str	标签字体颜色，默认为 "#000"
is_random	Boolean	是否随机排列颜色列表，默认为 False

● add() 方法的 lineStyle 属性用于设置图表中线条的风格，用来展现不同系列的标记 (symbol)，颜色和名字，详细介绍如表 6-6 所示。

表 6-6 图表 legend 选项

名称	类型	说明
line_width	int	线的宽度，默认为 1
line_opacity	float	线的透明度，0 为完全透明，1 为完全不透明。默认为 1
line_curve	float	线的弯曲程度，0 为完全不弯曲，1 为最弯曲。默认为 0
line_type	str	线的类型，有 'solid', 'dashed', 'dotted' 可选。默认为 'solid'

● add() 方法的 VisualMapOpts 属性用于设置图表中视觉映射配置项，用来展现不同系列的标记 (symbol)，颜色和名字详细介绍如表 6-7 所示。

表 6-7 图表 legend 选项

名称	说明
type	映射过渡类型，可选 "color"，"size"
is_visualmap	是否显示视觉映射配置项
visual_text_color	组件两端文本颜色
visual_orient	如何放置 visualMap 组件，水平（'horizontal'）或者竖直（'vertical'）
visual_range=[min, max]	组件所允许的最大值与最小值
visual_range_text	组件两端文本
visual_range_color	组件过渡颜色
visual_pos	组件条距左侧的位置，有 left、center、right 可选，也可用百分数或整数
visual_top	组件条距离顶部的位置，有 top、center、bottom 可选，也可用百分数或整数
visual_split_number	分段型中分段的个数

技能点二 关系图:表示事物相互关系

关系图又称关联图，是一种由圆（或方框）和线组成的图形。其中圆代表了事物，线代表了事物之间的关系。重点项目及要解决的问题要用双线圆圈或双线方框表示。

1. 关系图数据特点

关系图的圆包含了事物的文字说明等，要求简短、内容确切易于理解。

2. 关系图的使用

为实现关系图需要用到 graph.add() 方法以及其属性，关系图的方法及属性介绍如下。

```
graph.add("系列名称", nodes, links, categories, is_selected , is_focusnode..... )
```

表 6-8 关系图属性及说明

名称	类型	说明
nodes	dict	关系图节点。name 为节点名称；x 为节点的初始 x 值；y 为节点的初始 y 值；value 为节点数值；category 为节点类目；symbol 为标记图形；symbolSize 为标记图形大小
links	dict	节点间的关系数据，包含的数据项有 source 为边的源节点名称的字符串；target 为边的目标节点名称的字符串；vaule 为边的数值
categories	list	节点分类的类目
is_focusnode	Boolean	是否在鼠标移到节点上的时候突出显示节点以及节点的边和邻接节点。默认为 True
is_roam	Boolean/str	是否开启鼠标缩放和平移漫游。默认为 True
layout	str	关系图布局，默认为 'force'。none 为不采用任何布局；circular 为采用环形布局；force 为采用力引导布局

图 6-7 为工厂关系图，通过以下图表可以看出所有工厂的用电都由总部提供，而相邻两个工厂之间也有用电交互。

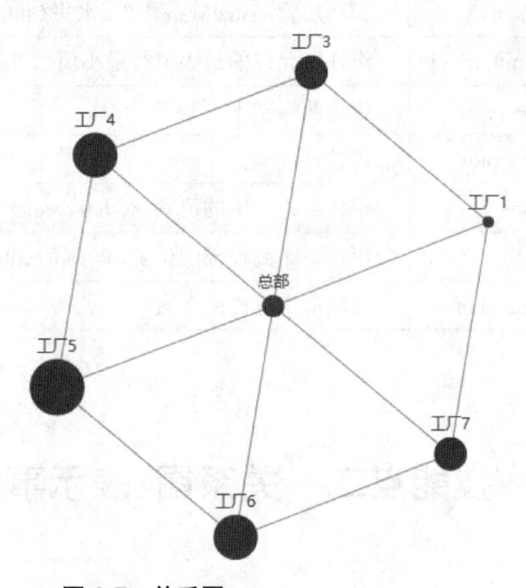

图 6-7 关系图

为了实现图 6-7 效果，具体步骤如下。

第一步：创建工作区。

点击“File”→“New File”新建一个工作区，如图 6-8 所示。

第二步：在工作区中编写相关代码（此处实现一个简单的关系图），代码如下所示。

● 导入相关图表包，从 pycharts 库里导入选项、关系图包等，代码如下。

```
import json
import os
from example.commons import Collector
from pyecharts import options as opts
from pyecharts.charts import Graph, Page
C = Collector()
```

图 6-8　新建工作空间

第三步：创建图表对象进行图表的基础设置。使用 nodes 属性配置关系图的节点，使用 links 属性把各个节点连接起来，代码如下。

```
@C.funcs
def graph_base() -> Graph:
#nodes 需要把桑基图中出现的名称全部设置进去，并且要保证 links 中的名称与 name 相同
    nodes = [
        {"name": "工厂 1", "symbolSize": 10},
```

```
        {"name": "总部", "symbolSize": 20},
        {"name": "工厂 3", "symbolSize": 30},
        {"name": "工厂 4", "symbolSize": 40},
        {"name": "工厂 5", "symbolSize": 50},
        {"name": "工厂 6", "symbolSize": 40},
        {"name": "工厂 7", "symbolSize": 30},
    ]
    #links 代表节点关系，source 表示起点，target 表示终点，需要将节点关系全部输入进
去，#value 表示节点长度
      links = [
        opts.GraphLink(source="工厂 1", target="总部"),
        opts.GraphLink(source="工厂 1", target="工厂 3"),
        opts.GraphLink(source="总部", target="工厂 3"),
        opts.GraphLink(source="总部", target="工厂 4"),
        opts.GraphLink(source="总部", target="工厂 5"),
        opts.GraphLink(source="总部", target="工厂 6"),
        opts.GraphLink(source="总部", target="工厂 7"),
        opts.GraphLink(source="工厂 3", target="工厂 4"),
        opts.GraphLink(source="工厂 4", target="工厂 5"),
        opts.GraphLink(source="工厂 5", target="工厂 6"),
        opts.GraphLink(source="工厂 6", target="工厂 7"),
        opts.GraphLink(source="工厂 7", target="工厂 1"),
        ]
```

第四步：利用 add() 方法进行数据输入与图表设置，利用 render() 方法来进行图表保存，代码如下。

```
      c = (
        Graph()
        .add("", nodes, links, repulsion=8000)
        .set_global_opts(title_opts=opts.TitleOpts(title="工厂关系图"))
      )
    return c
    # render 会生成本地 HTML 文件，默认会在当前目录生成 render.html 文件
    # 也可以传入路径参数
    Page().add(*[fn() for fn, _ in C.charts]).render()
```

第五步：点击“Run”→“Run”（或使用“F5”键）运行程序，运行程序时可以选择一个保存程序的目录，图 6-9 为将程序保存在新建的目录下，并以 .py 后缀名结尾，效果如图 6-9

所示。

第六步：程序运行成功后，会在 python 的安装目录下生成一个 .html 文件，如图 6-9 所示。双击运行此 HTML 文件可得到图表效果。

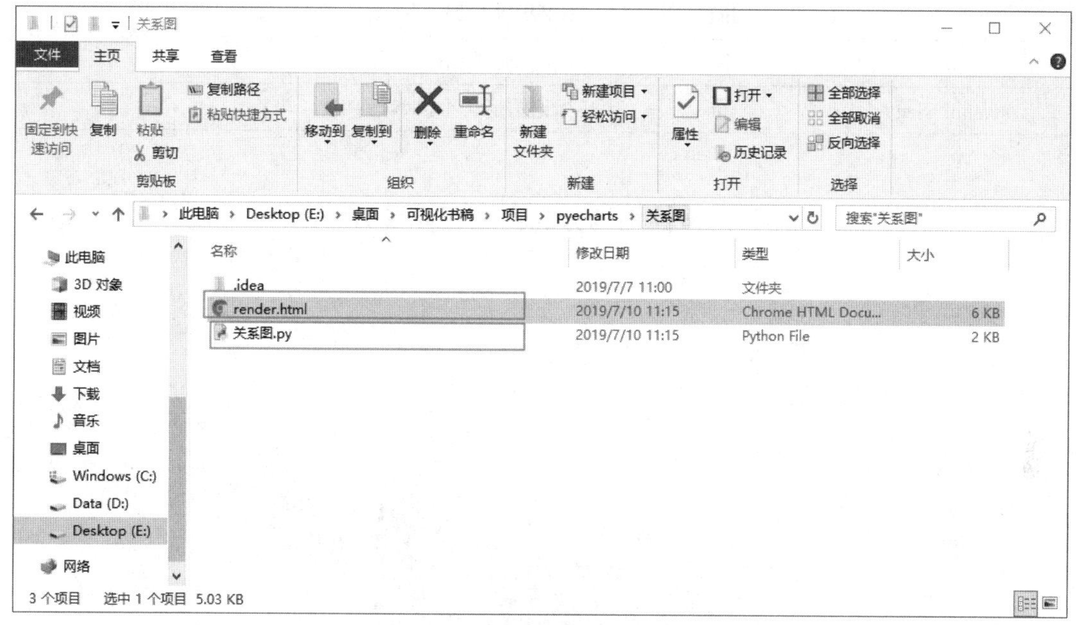

图 6-9　生成 .py 和 .html 文件

技能点三　散点图：表示分布状态

散点图是数据在直角坐标系平面的分布图，可以用来显示两组变量之间的关系，表示因变量随自变量变化的大致趋势。散点图是同一组研究对象的两个变量关系的可视化，用两组数据构成多个坐标点，考察坐标点的分布，判断两变量之间是否存在某种关联。

1. 散点图数据特点

通常用于判断两个变量关系的方式为散点图，其通过将两组数据构成多个坐标点并观察坐标点的分布来判断变量之间的逻辑关系，如果不存在相关关系，可以使用散点图总结特征点的分布模式，即矩阵图（象限图）。

学校通过散点图分析年级男、女同学身高和体重，如图 6-11 所示。其中蓝色为男同学，红色为女同学，可以看到所有的数据点比较集中。

2. 散点图的使用

以下为实现 pyecharts 散点图的 Scatter.add() 方法及其属性详细说明，散点图的属性介绍具体如下。

```
Scatter.add("系列名称","横坐标轴数据","纵坐标轴数据",symbol_size)
```

表 6-9 散点图属性及说明

名称	类型	说明
name	str	图例名称
x_axis	list	x 坐标轴数据
y_axis	list	y 坐标轴数据
symbol_size	int	标记图形大小，默认为 10

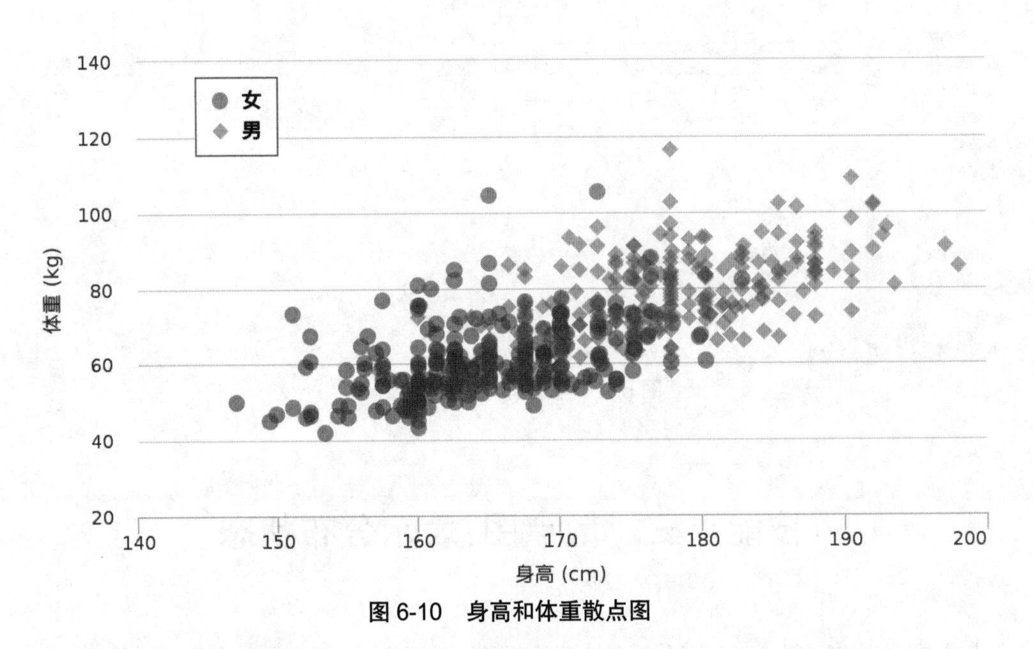

图 6-10 身高和体重散点图

如果数据项有多个维度，可以用颜色来表现，利用 Visualmap 组件，通过颜色映射数值，示例代码如下。

```
def scatter_visualmap_color() -> Scatter:
    c = (
        Scatter()
        .add_xaxis(Faker.choose())
        .add_yaxis("商家 A", Faker.values())
        .set_global_opts(
            title_opts=opts.TitleOpts(title="Scatter-VisualMap(Color)"),
            visualmap_opts=opts.VisualMapOpts(max_=150),
        )
    )
    return c
```

利用 Visualmap 组件，通过图形点大小映射数值，示例代码如下。

```
def scatter_visualmap_size() -> Scatter:
    c = (
        Scatter()
        .add_xaxis(Faker.choose())
        .add_yaxis("商家 A", Faker.values())
        .add_yaxis("商家 B", Faker.values())
        .set_global_opts(
            title_opts=opts.TitleOpts(title="Scatter-VisualMap(Size)"),
            visualmap_opts=opts.VisualMapOpts(type_="size", max_=150, min_=20),
        )
    )
    return c
```

如图 6-11 所示，x 轴展示的是小明的体重，y 轴展示的是小明的身高，通过散点图可以看出小明的身高与体重在一定时间的分布情况。

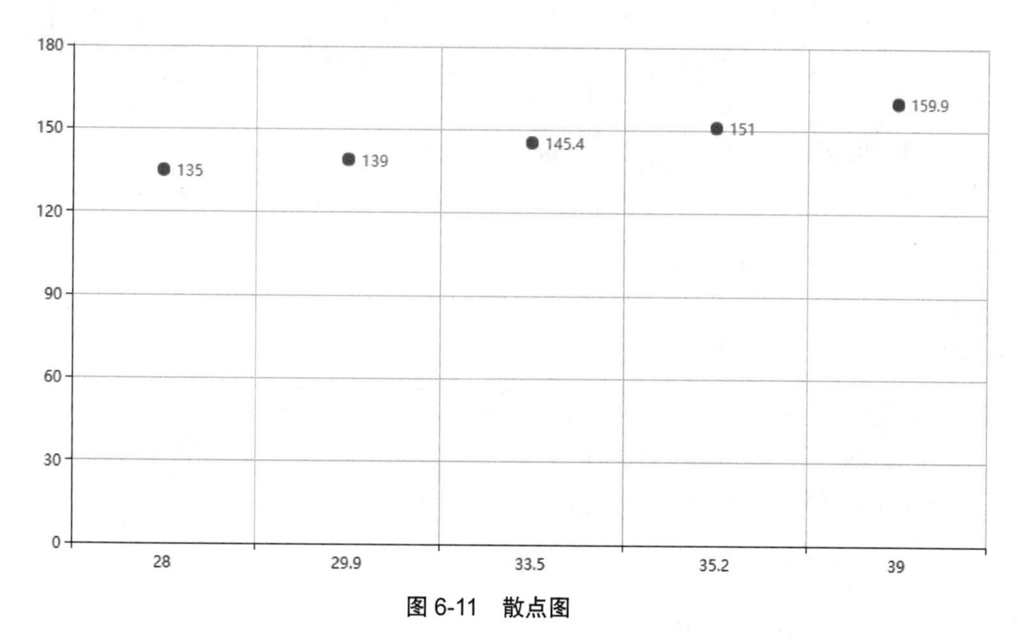

图 6-11　散点图

为了实现图 6-11 效果，具体步骤如下。

第一步：准备数据（模拟数据）。

图 6-12 是小明各年龄段身高、体重的统计数据。

年龄	身高（cm）	体重（kg）
10岁	135	28
11岁	139	29.9
12岁	145.4	33.5
13岁	151	35.2
14岁	159.9	39

图 6-12 散点图数据

```
{
  "xaxis":["28", "29.9", "33.5", "35.2", "39"],
  "yaxis":[135, 139, 145.4,151,159.9]
}
```

第二步：导入相关图表包。

从 pycharts 库里导入选项、散点图包等，代码如下。

```
from example.commons import Collector, Faker
from pyecharts import options as opts
from pyecharts.charts import Page, Scatter
import json

f =open('product.json')
res=f.read()
cc=json.loads(res)
print(cc["xaxis"])
```

第二步：创建图表对象进行图表的基础设置。

设置散点图 x、y 轴数值及图表标题。利用 add() 方法进行数据输入与图表设置，利用 render() 方法来进行图表保存，代码如下。

```
C = Collector()
@C.funcs
def scatter_spliteline() -> Scatter:
    c = (
        Scatter()
        .add_xaxis(cc["xaxis"])
        .add_yaxis("小明",cc["yaxis"])
        .set_global_opts(
            title_opts=opts.TitleOpts(title="小明身高体重统计图"),
            xaxis_opts=opts.AxisOpts(splitline_opts=opts.SplitLineOpts(is_show=True)),
            yaxis_opts=opts.AxisOpts(splitline_opts=opts.SplitLineOpts(is_show=True)),
```

```
        )
    )
    return c
Page().add(*[fn() for fn, _ in C.charts]).render()
```

技能点四　桑基图:定向追踪数据

桑基图(Sankey)也叫桑基能量平衡图，是一种特定类型的流程图,图中延伸的分支宽度对应数据流量,通常应用于能源、材料成分、金融等数据的可视化分析。

1. 桑基图数据特点

桑基图的始末端的分支宽度总和相等,即所有主支宽度的总和应与所有分出去的分支宽度的总和相等,保持能量的平衡。桑基图将每个节点(node)编码成一个小矩形,不同的节点用不同的颜色展示,小矩形旁边注明节点的名称。

小米商家通过桑基图分析活动期间顾客下单购买商品的情况,如图 6-13 所示:在 8 月 1 日将商品加入购物车的顾客, 8 月 3 日却追踪到有顾客退款,用户为什么退款呢?店主可以追踪顾客消费并作出合理的应对方案。

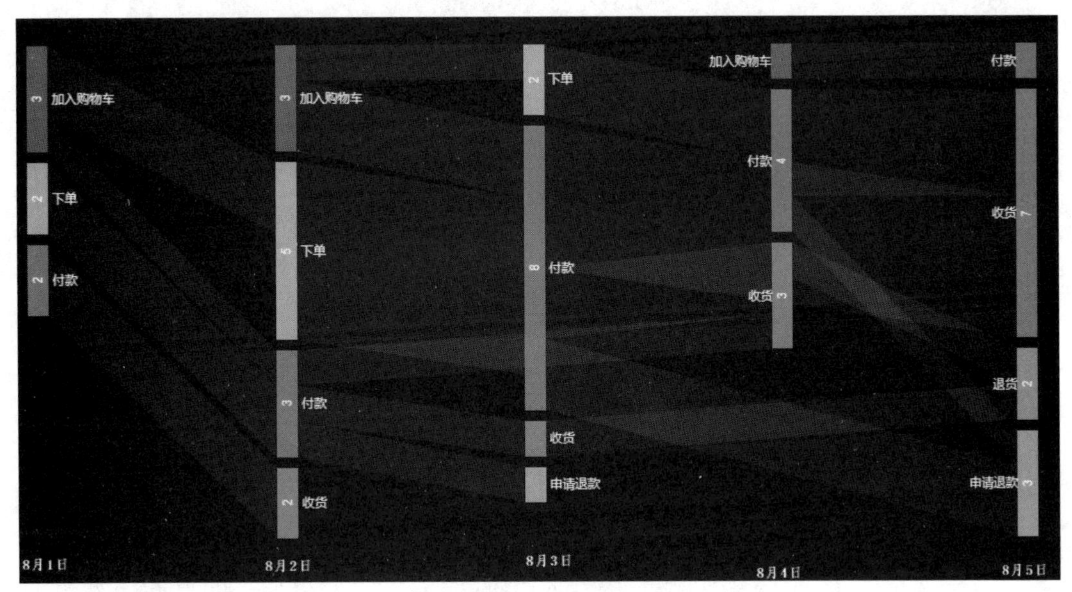

图 6-13　桑基图

2. 桑基图的使用

桑基图主要包括节点数据、节点关系、线条样式配置项等属性,以下为实现 pyecharts 桑基图的 Saneky.add() 方法及其属性详细说明,桑基图的属性介绍具体如表 6-10 所示。

```
Saneky .add("系列名称",nodes,links,label_opts,linestyle_opt,tooltip_opts )
```

表 6-10 桑基图属性及说明

名称	类别	说明
series_name	str	系列名称
nodes	dict	关系图节点。name 为节点名称; x 为节点的初始 x 值; y 为节点的初始 y 值; value 为节点数值; category 为节点类目; symbol 为标记图形; symbolSize 为标记图形大小
links	dict	结点间的关系数据,包含的数据项有: source 为边的源节点名称的字符串; target 为边的目标节点名称的字符串; vaule 为边的数值
linestyle_opt		线条样式配置项
tooltip_opts		提示框组件配置项
label_opts		标签配置项

使用桑基图实现某公司销售部、服务部两部门员工流向显示以及了解到各部门之间的隶属关系。效果如图 6-14 所示。

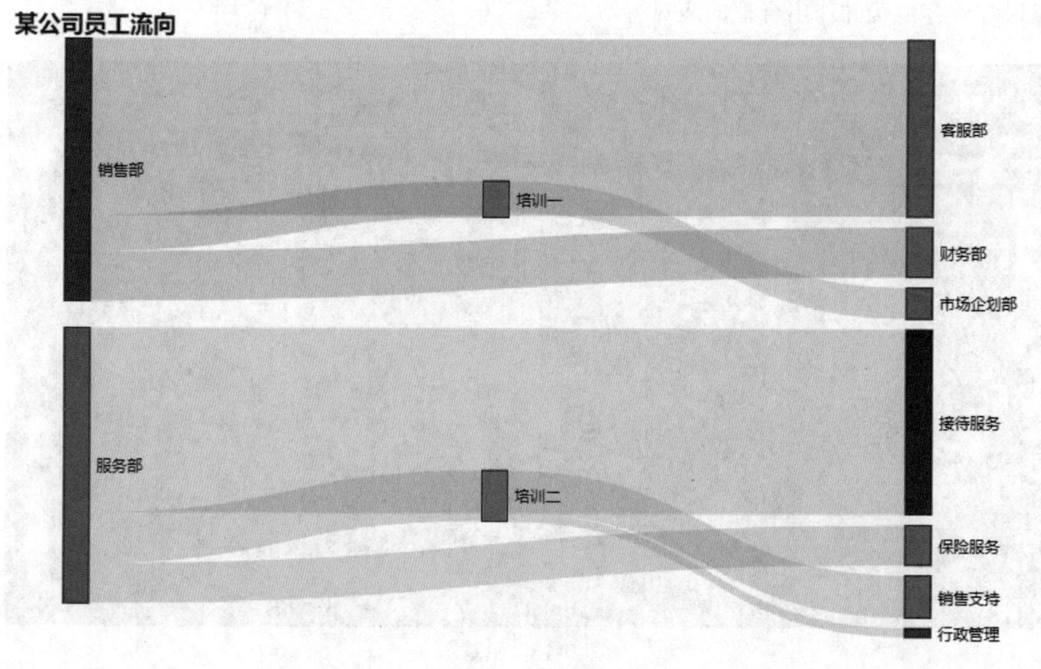

图 6-14 桑基图

第一步:准备数据(模拟数据)。

以下为某企业各部门人数统计数据,如图 6-15 所示。

	A	B
1	部门	人数
2	4S店	131
3	管理团队	8
4	行政人事部	4
5	财务部	8
6	客服部	7
7	市场企划部	3
8	销售部	35
9	服务部	66
10	展厅	17
11	DCC	3
12	区域	2
13	精品销售	4
14	二手车	2
15	物流中心	3
16	贷款	1
17	销售支持	3
18	车间行政管理	9
19	接待服务	11
20	保险服务	7
21	备件管理	7
22	机修车间	14
23	钣喷车间	18

图 6-15　桑基图数据

```
{
  "nodes": [{
      "name": "客服部"
    },
    {
      "name": "培训一"
    },
    {
      "name": "市场企划部"
    },
    {
      "name": "销售部"
    },
    {
      "name": "财务部"
    },
    {
```

```
        "name": "接待服务"
    },
    {
        "name": "培训二"
    },
    {
        "name": "行政管理"
    },
    {
        "name": "销售支持"
    },
    {
        "name": "服务部"
    }
],
"links": [{
        "source": "销售部",
        "target": "客服部",
        "value": 371.75
    },
    {
        "source": "销售部",
        "target": "财务部",
        "value": 104.92
    },
    {
        "source": "Songhua_PPT",
        "target": "销售部",
        "value": 448.01
    },
    {
        "source": "销售部",
        "target": "培训一",
        "value": 76.25
    },
    {
        "source": "培训一",
        "target": "市场企划部",
```

```
            "value": 65.88
        },
        {
            "source": "服务部",
            "target": "接待服务",
            "value": 389.05
        },
        {
            "source": "服务部",
            "target": "保险服务",
            "value": 84.44
        },
        {
            "source": "Liao_PPT",
            "target": "服务部",
            "value": 496.07
        },
        {
            "source": "服务部",
            "target": "培训二",
            "value": 107.021
        },
        {
            "source": "培训二",
            "target": "行政管理",
            "value": 18.69
        },
        {
            "source": "培训二",
            "target": "销售支持",
            "value": 88.32
        }
    ]
}
```

第二步：代码实现。

为了实现图 6-14 效果，代码如下。

```
import json
```

```
import os
from example.commons import Collector
from pyecharts import options as opts
from pyecharts.charts import Page, Sankey

C = Collector()
@C.funcs
def sankey_offical() -> Sankey:
    with open(os.path.join("", "product.json")) as f:
        j = json.load(f)
    c = (
        Sankey()
        .add(
            "sankey",
            nodes=j["nodes"],
            links=j["links"],
            linestyle_opt=opts.LineStyleOpts(opacity=0.2, curve=0.5, color="source"),
            label_opts=opts.LabelOpts(position="right"),
        )
        .set_global_opts(title_opts=opts.TitleOpts(title="某公司员工流向"))
    )
    return c
Page().add(*[fn() for fn, _ in C.charts]).render()
```

快来扫一扫!

提示:学会了 pyecharts 的安装与使用,你是否好奇如何使用 pyecharts 绘制其他图表。扫描图中二维码,了解更多信息。

通过下面四个步骤的操作,实现图 6-2 所示的智慧工厂预警管理模块界面的效果。

第一步:准备数据(模拟数据)。

将预警管理、AQI 指数、报警详情数据汇总统计,如表 6-11 所示(预警管理、报警详情数据省略)。

表 6-11　AQI 指数

工厂一	工厂二
117	101
136	88
103	72
24	148
30	81
81	31

第二步：预警管理模块的制作。

● 导入相关图表包，从 pycharts 库里导入选项、饼图包等，代码如下。

```
from example.commons import Collector, Faker
from pyecharts import options as opts
from pyecharts.charts import Page, Pie
C = Collector()
```

● 创建图表对象进行图表的基础设置，在 add( )方法里添加饼图数据，代码如下。

```
@C.funcs
def pie_radius() -> Pie:
    c = (
        Pie()
        .add(
            "",
    # 系列数据项，格式为 [(key1, value1), (key2, value2)]
                data_pair=[("电压过高", "22.2"),("电流过高", "11.1"),("非工作时间用电",
"66.7")],
    # 饼图的半径，数组的第一项是内半径，第二项是外半径
            radius=["40%", "75%"],
        )
        .set_global_opts(
            legend_opts=opts.LegendOpts(
                orient="vertical",pos_bottom="15%", pos_left="2%"
            ),
        )
    # 标签配置项
        .set_series_opts(label_opts=opts.LabelOpts(formatter="{b}: {c}"))
```

```
    )
    return c
```

● 利用 add() 方法进行数据输入与图表设置，利用 render() 方法来保存图表，代码如下，生成的 HTML 文件如图 6-16 所示，运行 HTML 文件效果如图 6-17 所示。

```
Page().add(*[fn() for fn, _ in C.charts]).render()
```

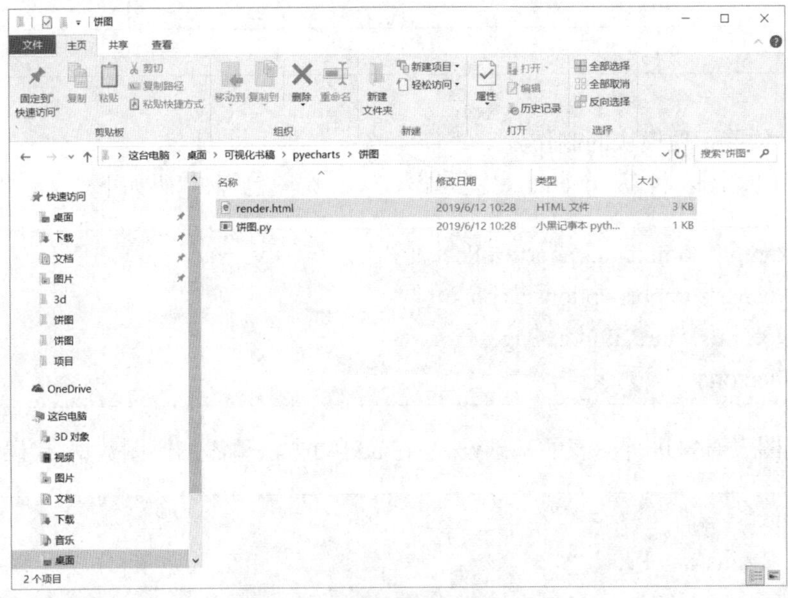

图 6-16　预警管理 HTML 文件

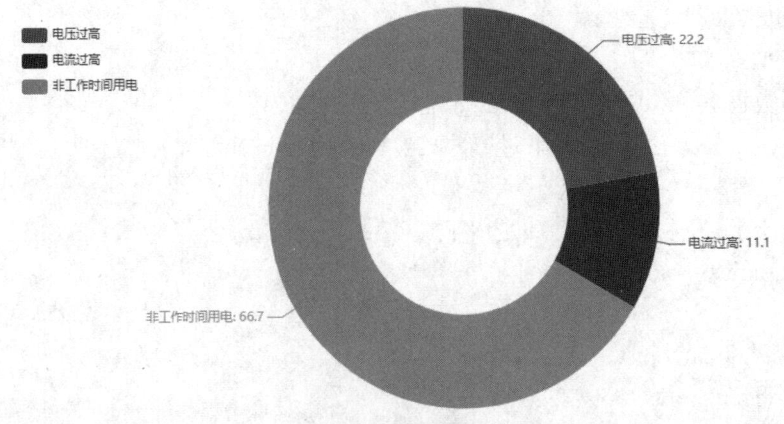

图 6-17　预警管理

● 把生成的 HTML 文件导入项目中。项目中主体界面布局代码如 CORE0601 所示。

代码 CORE0601：主体界面布局

```
<div class="content qqq">
```

```
<div class="yjgl">
    <div class="ssjc_right_up">
        <div class="nei">
            <div class="yjgl_ru_table">
                <div class="row">
                    <div class="col-md-5">
                        // 预警管理
                    </div>
                    <div class="col-md-7">
                        //AQI 指数
                    </div>
                </div>
            </div>
        </div>
        <div class="ssjc_right_bottom">
          // 数据列表
        </div>
    </div>
</div>
</div>
```

● 引入预警管理文件 HTML 代码。修改图表的大小、通过 textStyle 属性修改图表图例文字颜色为白色等。代码如 CORE0602 所示，实现效果图如图 6-18 所示。

代码 CORE0602：预警管理图表

```
<div class="echarts_yjgl_one" id="2c041cb176f84c40a832351eef9838cd"></div>
<script>
  var chart_2c041cb176f84c40a832351eef9838cd = echarts.init(
      document.getElementById('2c041cb176f84c40a832351eef9838cd'), 'white',
{renderer: 'canvas'});
  var option_2c041cb176f84c40a832351eef9838cd = {
 // 省略部分代码
    "legend": [
      {
        "data": [
          "\u7535\u538b\u8fc7\u9ad8",
          "\u7535\u6d41\u8fc7\u9ad8",
          "\u975e\u5de5\u4f5c\u65f6\u95f4\u7528\u7535"
```

```
            ],
            "selected": {},
            "show": true,
            "left": "2%",
            "top": "15%",
            "orient": "vertical",
            textStyle: {
               color: '#fff',
               fontSize: 12,
               fontWeight: 'normal'
            },
         }
      ],
      "title": [
         {
            "text": "\u9884\u8b66\u7ba1\u7406",
            textStyle: {
               color: '#fff',
               fontSize: 16,
               fontWeight: 'normal'
            },
         }
      ]
   };
   chart_2c041cb176f84c40a832351eef9838cd.setOption(option_2c041cb176f-
84c40a832351eef9838cd);
   </script>
```

第三步：AQI 指数的制作。

● 导入相关图表包，从 pycharts 库里导入选项、饼图包等，配置散点图参数等，代码如下。

```
from example.commons import Collector, Faker
from pyecharts import options as opts
from pyecharts.charts import Page, Scatter
from pyecharts.commons.utils import JsCode
import json

f =open('product.json')
```

```
res=f.read()
cc=json.loads(res)
print(cc["xaxis"])

C = Collector()
@C.funcs
def scatter_visualmap_size() -> Scatter:
    c = (
        Scatter()
        .add_xaxis(cc["xaxis"])
        .add_yaxis("工厂一", Faker.values())
        .add_yaxis("工厂二", Faker.values())
        .set_global_opts(
            title_opts=opts.TitleOpts(title="AQI 指数"),
            visualmap_opts=opts.VisualMapOpts(type_="size", max_=150, min_=20),
        )
    )
    return c
Page().add(*[fn() for fn, _ in C.charts]).render()
```

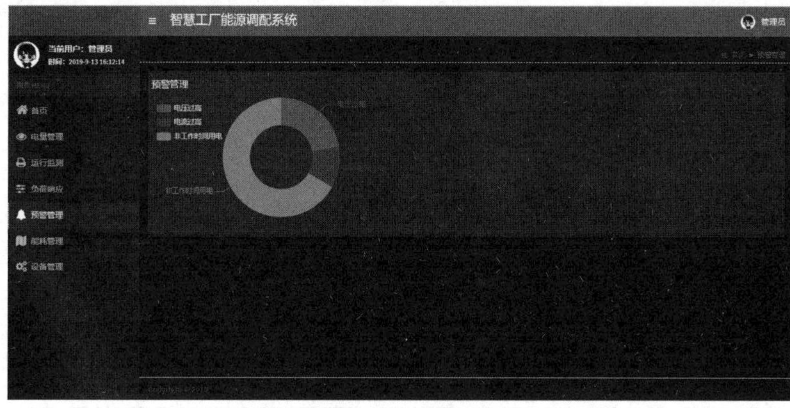

图 6-18　预警管理

生成的 HTML 文件如下所示，运行 HTML 文件，效果如图 6-19 和图 6-20 所示。

● 把生成的 HTML 文件导入项目中。引入 AQI 指数的 HTML 代码。修改图表的大小、通过 textStyle 属性修改图表图例文字颜色为白色等。代码如 CORE0603 所示，实现效果如图 6-21 所示。

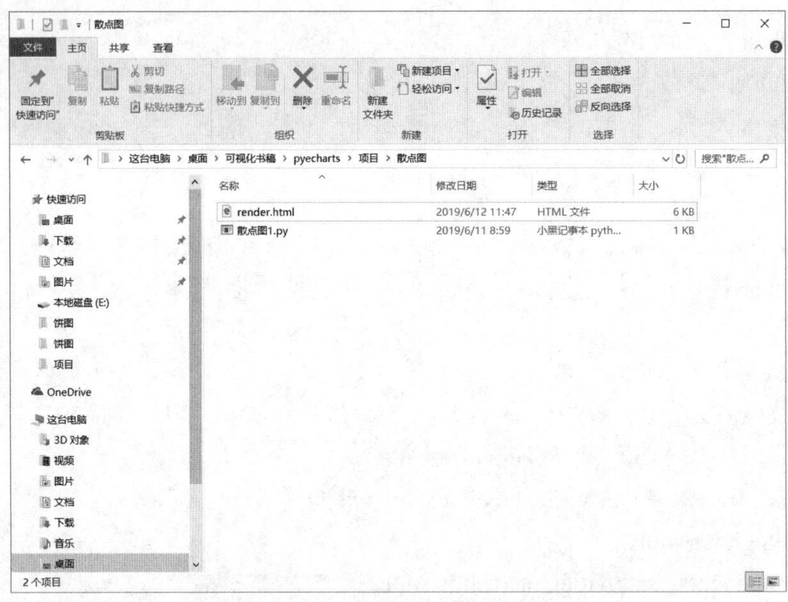

图 6-19 AQI 指数 HTML 文件

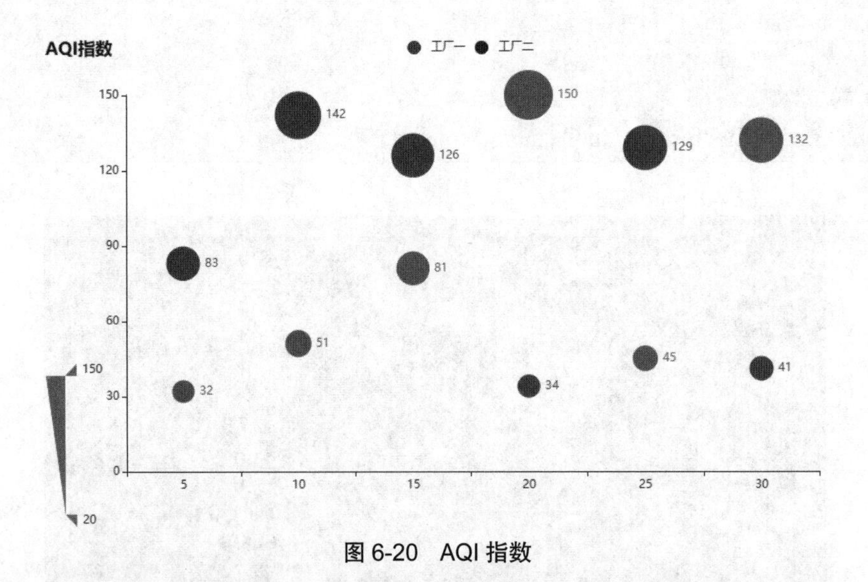

图 6-20 AQI 指数

代码 CORE0603：

```
<div id="e28c5a4dacfe4779a0917a27ad0db32f" style="width:700px; height:300px;"></
div>
<script>
  var chart_e28c5a4dacfe4779a0917a27ad0db32f = echarts.init(
      document.getElementById('e28c5a4dacfe4779a0917a27ad0db32f'), 'white',
  {renderer: 'canvas'});
```

```
        var option_e28c5a4dacfe4779a0917a27ad0db32f = {
          // 省略部分代码
          "legend": [
            {
              "data": [
                "\u5de5\u5382\u4e00",
                "\u5de5\u5382\u4e8c"
              ],
              "selected": {
                "\u5de5\u5382\u4e00": true,
                "\u5de5\u5382\u4e8c": true
              },
              "show": true,
              textStyle: {
                fontWeight: 'normal',
                color: '#fff'
              },
            }
          ],
          "title": [
            {
              "text": "AQI\u6307\u6570",
              textStyle: {
                color: '#fff',
                fontSize: 16,
                fontWeight: 'normal'
              },
            }
          ],
        };
                chart_e28c5a4dacfe4779a0917a27ad0db32f.setOption(option_e28c5a4dac-
fe4779a0917a27ad0db32f);
    </script>
```

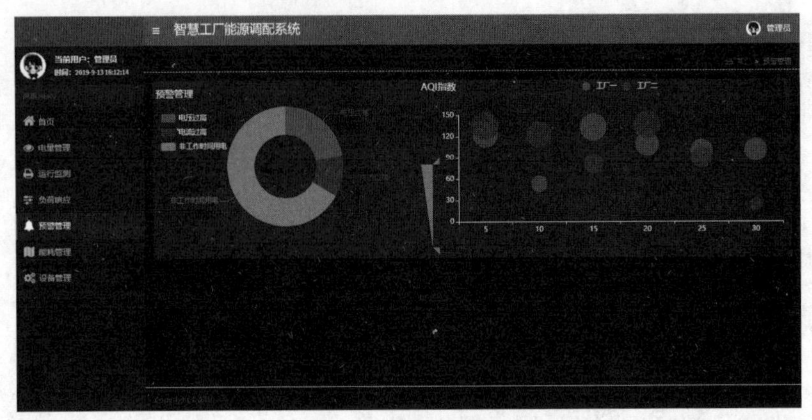

图 6-21 AQI 指数

第四步：数据列表的制作。

通过列表显示报警数据，包括报警时间、报警类型、设备名称、报警信息等。代码如 CORE0604 所示，效果如图 6-23 所示。

代码 CORE0604：

```
<div class="ssjc_right_bottom">
            <div class="nei">
              <p> 数据列表 </p>
              <div class="ssjc_rub_table">
                <table class="tj_table" border="0">
                  <thead>
                  <tr>
                    <td> 序号 </td>
                    <td> 报警时间 </td>
                    <td> 报警类型 </td>
                    <td> 设备名称 </td>
                    <td> 报警信息 </td>
                    <td> 处理意见 </td>
                    <td> 处理状态 </td>
                    <td> 操作 </td>
                  </tr>
                  </thead>
                  <tbody>
                  <tr>
                    <td>1</td>
                    <td>2019/8/1 11 点 30 分 </td>
                    <td> 电压过高 </td>
```

```
                <td> 冷却塔 </td>
                <td> 冷却塔电压过高 </td>
                <td></td>
                <td> 未处理 </td>
                <td><a href="#"> 处理 </a> | <a href="#"> 忽略 </a></td>
            </tr>
// 省略部分代码
            <tr class="gao xian"></tr>
            </tbody>
        </table>
        <div class="t_fanye">
            <span class="upten"></span>
            <span class="up"></span>
            <span class="split"></span>
            <span class="page_info_one"> 第 1 / 1 页
</span>
            <span class="split"></span>
            <span class="dowm"></span>
            <span class="downten"></span>
            <span class="page_info_two"> 页记录数
 15</span>
            <span class="page_info_three"> 当前 1-1 条记录，共 1 条记录 </
span>
            <div class="clear"></div>
        </div>

    </div>
    <div class="cheng_ershi"></div>
  </div>
</div>
```

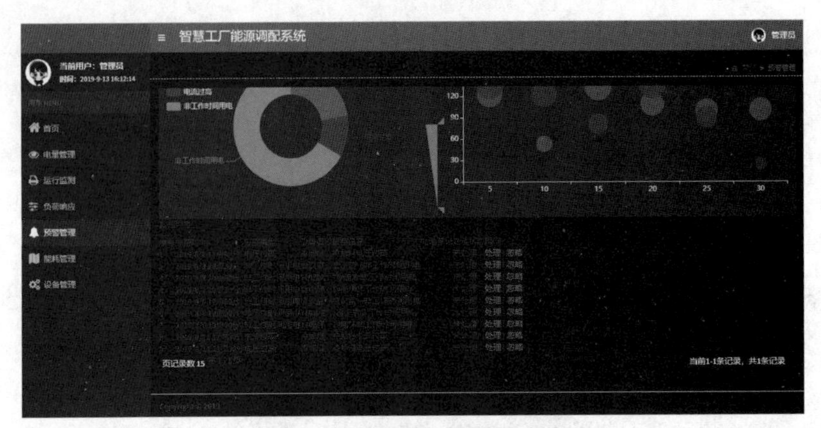

图 6-22　能耗管理设置样式前

设置数据列表的样式，设置表格边框为 1px 实线白色、字体颜色为白色加粗等。部分代码 CORE0605 如下，设置样式后效果如图 6-24 所示。

代码 CORE0605：内容分类 CSS 代码

```
/* 页面 table 样式 */
.tj_table{border:none}
.tj_table thead{border-bottom:1px solid #fff;}
.tj_table thead tr td{border-right:1px solid #fff;font-weight: bold; }
.tj_table thead tr td:last-child{border-right: none;}
.tj_table tbody tr{border-bottom:1px solid #fff;}
.tj_table tbody tr:last-child{border-bottom:none;}
.tj_table tbody tr td{border-right:1px solid #fff;}
.tj_table tbody tr td:last-child{border-right: none;}
```

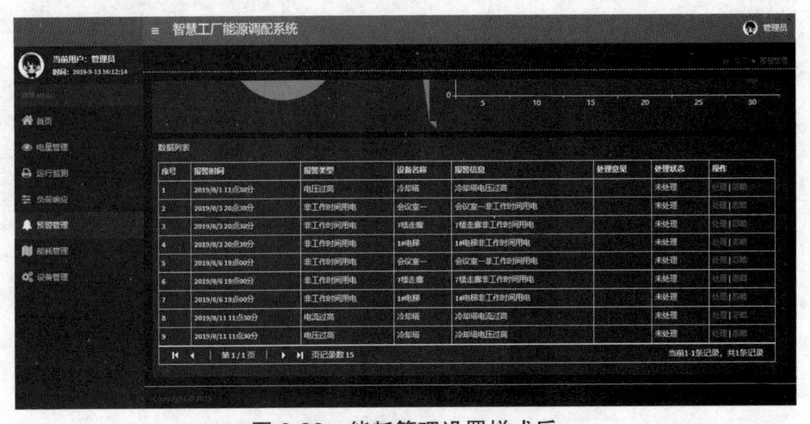

图 6-23　能耗管理设置样式后

至此智慧工厂预警管理模块界面制作完成。

本项目通过对智慧工厂预警管理模块的学习，对关系图、散点图、桑基图数据特点具有初步了解，掌握 pyecharts 的安装与使用，具有使用 pyecharts 绘制关系图、散点图、桑基图的能力，为后期使用 pyecharts 绘制图表打下基础。

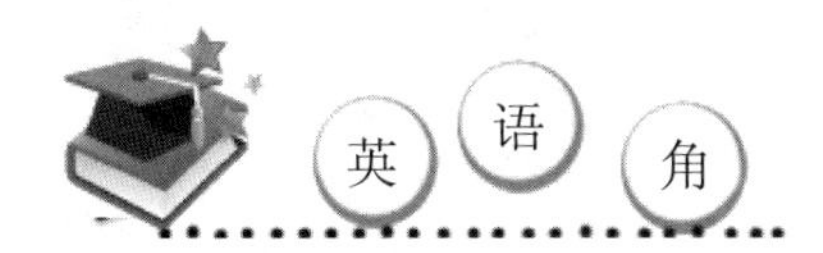

graph	关系图	scatter	散点图
sankey	桑基图	render	渲染
symbol	标记	emphasis	强调
curve	曲线	categories	类别
random	随机	collector	收集器

一、选择题

1.（　　）方法用于打印输出图表的所有配置项。

A. render()　　B. add()　　C. show_config()　　D. show()

2. 使用 pyecharts 绘制图表有一些通用配置项包括 xyAxis 、dataZoom 、legend 、label 、lineStyle 等内容，这些内容统称为图表实例选项，配置图表实例选项需要通过（　　）方法。

A. render()　　B. add()　　C. show_config()　　D. show()

3. 设置 x 轴名称位置的属性是（　　）。

A. xy_text_size　　B. namegap

C. xaxis_name　　D. xaxis_name_pos

4. 用于设置图例列表的布局朝向的属性是（　　）。

A. legend_orient　　B. is_legend_show

C. legend_top　　D. label_text_color

5. 制作 pyecharts 时使用（　　）方法，默认将会在根目录下生成一个 render.html 的文件。

A. render()　　B. add()　　C. show_config()　　D. show()

二、填空题

1.pyecharts 是否高亮显示标签，默认显示的属性是__________。

2.add()方法里__________属性用于设置图表中线条的风格，用来展现不同系列的标记(symbol)，颜色和名字。

3. 制作关系图时，使用__________属性配置关系图的节点，使用 links 属性把各个节点链接起来。

4. 连接节点数据，要保证 links 中的名称与 name 相同，source 表示起点，__________表示终点，需要将节点关系全部输入进去，value 表示节点长度。

5.__________ 通常是一组点的集合，并且常常用来绘制各种相关性。

三、上机题

使用 pyecharts 编写符合以下要求的网页。

要求：使用 pyecharts 关系图等知识点实现以下效果。

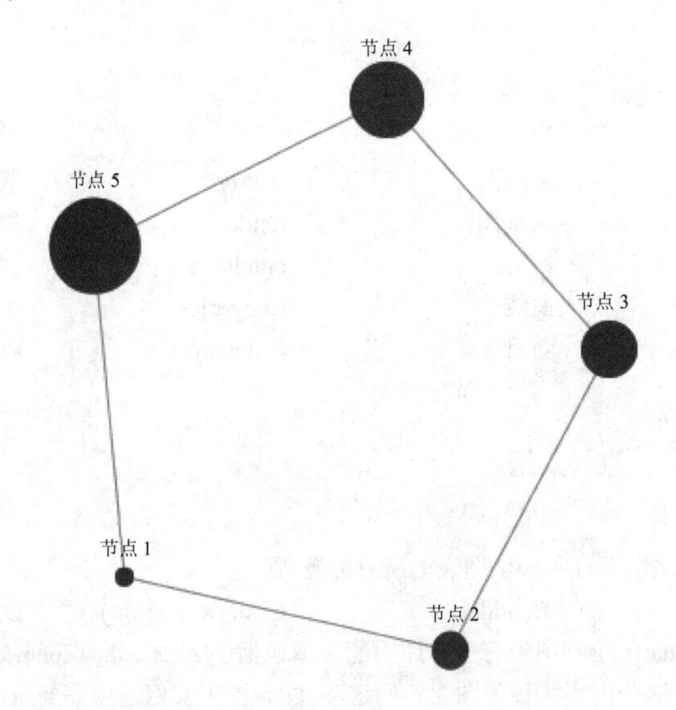

项目七　基于 pyecharts 实现智慧工厂能耗管理模块

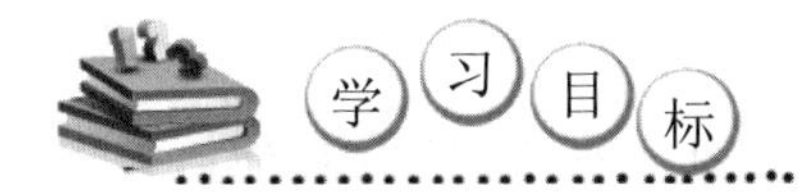

通过实现智慧工厂能耗管理模块，了解水球图、词云、3D 图等数据特点，学习水球图、词云、3D 图等的使用，掌握使用 pyecharts 绘制图表的基本配置，具有使用 pyecharts 绘制图表的能力。在任务实现过程中：

- 了解水球图、词云、3D 图等的应用场景；
- 掌握水球图、词云、3D 图等数据特点；
- 掌握使用 pyecharts 绘制图表的基本配置；
- 具有使用 pyecharts 绘制图表的能力。

课程思政

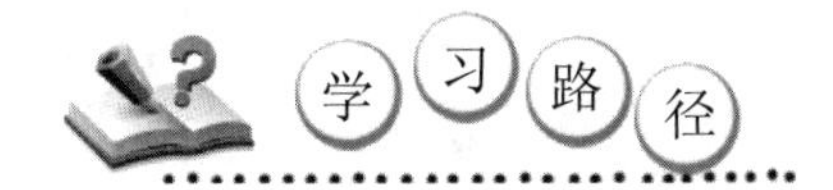

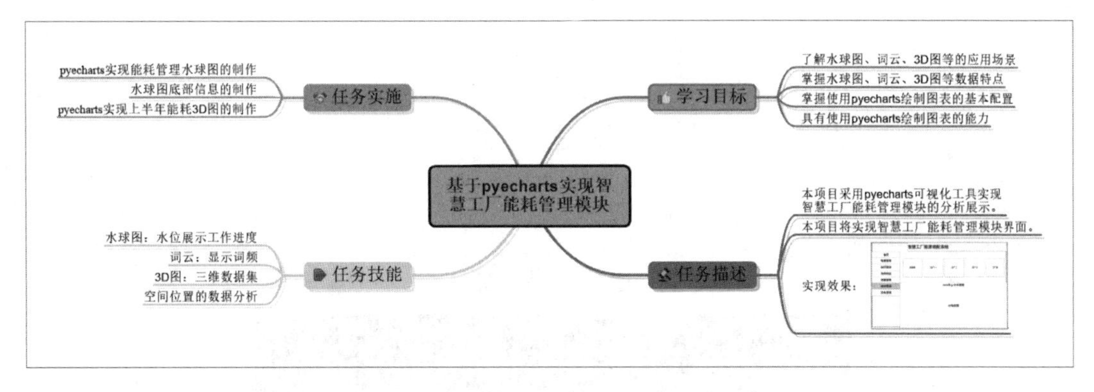

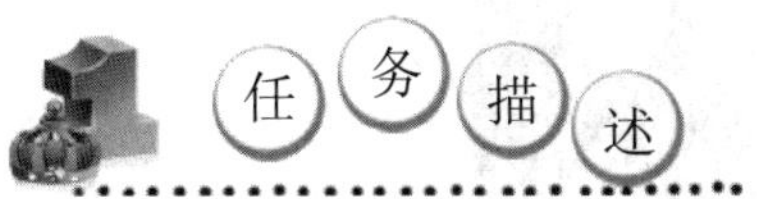

【情境导入】

能源消耗是每个工厂都存在的问题，不仅影响企业的可持续发展，也影响国家的经济健康发展。只有合理地使用能源，降低能源消耗，才能提高企业的经济效益。因此，该企业决定在“智慧工厂能源管理系统”设置一个能耗管理模块，对工厂能源总消耗以及各个工厂能源消耗数据进行分析。本项目采用 pyecharts 可视化工具实现智慧工厂能耗管理模块的分析与展示。

【功能描述】

本项目将实现智慧工厂能耗管理模块界面。

- pyecharts 实现能耗管理水球图的制作；
- 水球图底部信息的制作；
- pyecharts 实现上半年能耗 3D 图的制作。

【基本框架】

基本框架如图 7-1 所示，通过本项目的学习，能将框架图 7-1 转换成智慧工厂能耗管理模块界面效果如图 7-2 所示。

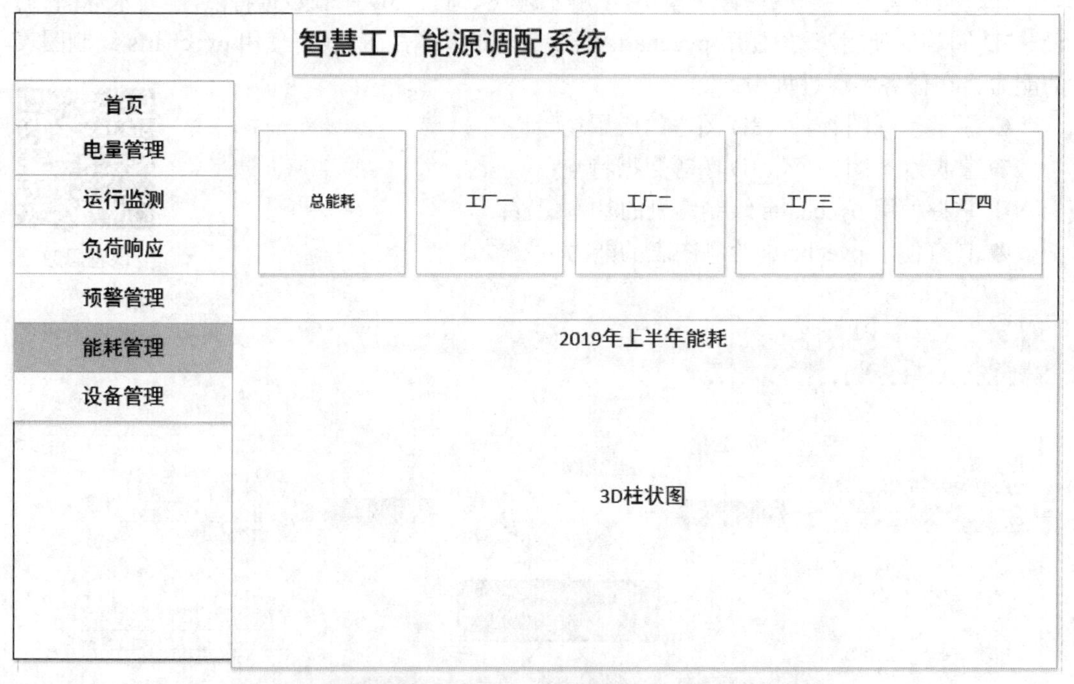

图 7-1 框架图

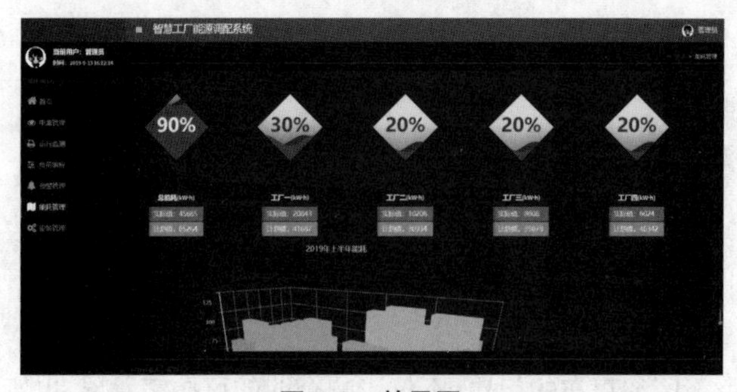

图 7-2 效果图

技能点一　水球图:水位展示工作进度

水球图是一种展示单个百分比数据的图表,其形状可以为圆形、方形、三角形等。pyecharts 水球图能够通过非常简单的配置,实现酷炫的数据展示效果。

1. 水球图数据特点

水球图可以满足自定义的需求,包括颜色(color)、大小(radius)、波的振幅(amplitude)、波长(waveLength)、相位(phase)、周期(period)、移动方向(direction)、形状(shape)、动画(waveAnimation)等。

站长之家用水滴图显示通过搜索引擎进入网站的用户有 60%,饼图为网站用户访问所有来源比例,水滴图显示单个百分比数据,如图 7-3 所示。

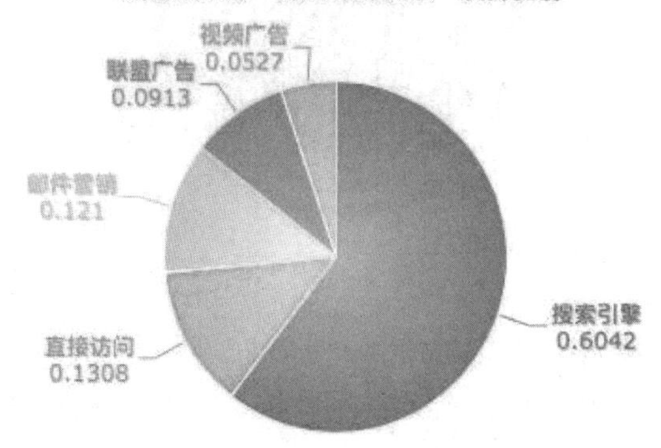

图 7-3　水球图和饼图

2. 水球图的使用

以下为实现 pyecharts 水球图的 Liquid.add() 方法及其属性详细说明，水球图的属性介绍具体如下。

```
Liquid.add("系列名称", data, shape, liquid_color, is_animation , is_liquid_outline_show,
label_opts, tooltip_opts)
```

表 7-1 水球图属性及说明

名称	类型	说明
data	str	数据项
shape	str	水球外形，有 'circle'，'rect'，'roundRect'，'triangle'，'diamond'，'pin'，'arrow' 可选。默认为 'circle'
liquid_color	list	波浪颜色，默认的颜色列表为 ['#294D99'， '#156ACF'，'#1598ED'，'#45BDFF']
is_liquid_animation	bool	是否显示波浪动画，默认为 True
is_liquid_outline_show	bool	是否显示边框，默认为 True

如图 7-4 所示为某工厂耗油量数据统计分析水滴图，可以清晰地看出某一设备占工厂内所有设备耗油量百分比。

图 7-4 水球图

为了实现图 7-4 效果，具体步骤如下。

第一步：导入相关图表包，从 pyecharts 库里导入选项、散点图包等，代码如下。

```
from example.commons import Collector
from pyecharts import options as opts
```

```
from pyecharts.charts import Liquid, Page
from pyecharts.commons.utils import JsCode
from pyecharts.globals import SymbolType
```

第二步：设置水球图参数。利用 add() 方法设置水球图数据、标签配置项，设置水球图标题，利用 render() 方法来进行图表保存，代码如下。

```
@C.funcs
def liquid_data_precision() -> Liquid:
    c = (
        Liquid()
        .add(
            "lq",
            [0.4],
            label_opts=opts.LabelOpts(
                font_size=50,
                formatter=JsCode(
                    """function (param) {
                        return (Math.floor(param.value * 10000) / 100) + '%';
                    }"""
                ),
                position="inside",
            ),
        )
        .set_global_opts(title_opts=opts.TitleOpts(title=" 耗油量 ", pos_right="center"))
    )
    return c
Page().add(*[fn() for fn, _ in C.charts]).render()
```

技能点二　词云：显示词频

词云，又称文字云，外观类似云，是以文本数据展示的一种彩色图形。通过词云可对文本中出现频率较高的"关键词"予以视觉上的突出，舍去大量不常用的文本信息。具有一目了然、外观绚丽等特点。

1. 词云数据特点

词云将关键词通过可视化标签的形式呈现。系统会根据关键词的出现频率显示不同的大小和颜色，频率越高，字体越大颜色越醒目。

新浪博客统计一篇文献的词频，采用自动分析的方法，进行概率统计与分析后，提供给浏览者相应的词汇表与词云图，如图 7-5 所示。

图 7-5　词云

2. 词云的使用

词云主要包括词云数组、配置词云的 wordcloud.add() 方法等，以下为 pyecharts 词云的 wordcloud.add() 方法以及其属性详细说明，词云的属性介绍具体如表 7-2 所示。

```
wordcloud.add("系列名称", "系列数据项 [(word1, count1), (word2, count2)]", shape, word_gap, word_size_range, rotate_step, tooltip_opts)
```

表 7-2　词云属性及说明

名称	类型	说明
name	str	图例名称
attr	list	属性名称
value	list	属性所对应的值
shape	list	词云图轮廓，有 'circle', 'cardioid', 'diamond', 'triangle-forward', 'triangle', 'pentagon', 'star' 可选
word_gap	int	单词间隔，默认为 20
word_size_range	list	单词字体大小范围，默认为 [12, 60]
rotate_step	int	旋转单词角度，默认为 45

（1）自定义数据

如图 7-6 所示为使用 pyecharts 词云统计一篇文献的词频，可以清晰地看到使用频率最高的单词为“aprra”。

文献的词频可视化

图 7-6　自定义数据生成词云

为了实现图 7-6 效果，具体步骤如下。

第一步：导入相关图表包，从 pyecharts 库里导入选项、词云包等，代码如下。

```
# 导入类库
from example.commons import Collector
from pyecharts import options as opts
from pyecharts.charts import Page, WordCloud
```

第二步：定义词云显示的数据。Words 数组里第一个属性为属性名称，第二个值为属性对应的值，代码如下。

```
C = Collector()
# 要显示的每个词，每个词出现的次数
words = [
    ("aprra", 10000),
    ("Macys", 6181),
    ("Schumer", 4386),
    ("oney", 4055),
    ("Charter Communications", 2467),
    ("Chick Fil A", 2244),
    ("Planet Fitness", 1868),
    ("Pitch Perfect", 1484),
    ("Express", 1112),
    ("Home", 865),
    ("Johnny Depp", 847),
```

```
    ("Lena Dunham", 582),
    ("Lewis Hamilton", 555),
    ("KXAN", 550),
    ("Mary Ellen Mark", 462),
    ("Farrah Abraham", 366),
    ("Rita Ora", 360),
    ("Serena Williams", 282),
    ("NCAA", 273),
    ("Point Break", 265),
    ("Jon", 847),
    ("Anna", 582),
    ("Lisan", 555),
    ("jabber", 550),
    ("mauwjd", 462),
    ("Abraham", 366),
    ("Ora", 360),
    ("Williams", 282),
    ("NCAA", 273),
    (" Break", 265),
]
```

第三步：创建图表对象进行图表的基础设置。wordcloud.add() 方法需要填入 4 个参数，第 1 个参数是标签，可以为空，第 2 个参数是出现的单词，第 3 个参数是单词对应的词频，第 4 个参数是词云上字体的大小，代码如下。

```
# 创建对象
@C.funcs
def wordcloud_diamond() -> WordCloud:
    c = (
        WordCloud()
#size_range: 字体大小范围
        .add("", words, word_size_range=[20, 100], shape='diamond')
        .set_global_opts(title_opts=opts.TitleOpts(title="文献的词频可视化"))
    )
    return c
Page().add(*[fn() for fn, _ in C.charts]).render()
```

（2）仓库中数据

以“词库”文档为例，在 python 中使用 jieba 分词和 wordcloud 词云制作工具，制作该文档的简单版词云，最终结果如图 7-7 所示。

图 7-7　仓库中数据生成词云

为了实现图 7-7 效果，具体步骤如下。

第一步：准备语料库。将仓库中的“词库 .text”文档下载到桌面备用。

第二步：安装 jieba 库。jieba 中文“结巴”，Python 中文分词组件 。

在第三方中文分词函数库下载 jieba，下载地址为 https://pypi.org/project/jieba/#files，然后在命令提示符里面输入命令来安装 jieba 库，首先定位到 jieba 的 setup.py 文件的上级文件的地方，然后输入 >python setup.py install，如图 7-8 所示。

```
):\>cd D:\jieba-0.39\jieba-0.39

):\jieba-0.39\jieba-0.39>python setup.py install
running install
running build
running build_py
creating build
creating build\lib
creating build\lib\jieba
copying jieba\_compat.py -> build\lib\jieba
copying jieba\__init__.py -> build\lib\jieba
copying jieba\__main__.py -> build\lib\jieba
copying jieba\dict.txt -> build\lib\jieba
creating build\lib\jieba\finalseg
copying jieba\finalseg\prob_emit.p -> build\lib\jieba\finalseg
copying jieba\finalseg\prob_emit.py -> build\lib\jieba\finalseg
copying jieba\finalseg\prob_start.p -> build\lib\jieba\finalseg
copying jieba\finalseg\prob_start.py -> build\lib\jieba\finalseg
copying jieba\finalseg\prob_trans.p -> build\lib\jieba\finalseg
copying jieba\finalseg\prob_trans.py -> build\lib\jieba\finalseg
copying jieba\finalseg\__init__.py -> build\lib\jieba\finalseg
creating build\lib\jieba\analyse
copying jieba\analyse\analyzer.py -> build\lib\jieba\analyse
copying jieba\analyse\idf.txt -> build\lib\jieba\analyse
copying jieba\analyse\textrank.py -> build\lib\jieba\analyse
```

图 7-8　安装 jieba

第三步：导入 jieba 和 wordcloud 以及 plt 绘图工具，代码如下。

```
# 绘图工具
import matplotlib.pyplot as plt
from wordcloud import WordCloud
# 中文分词组件
import jieba
```

第四步：读取“词库”文档。通过 open() 方法打开语料库，并且设置其以只读模式打开，代码如下。

```
txt1 = open('C:\\Users\\ 爱提莫 \\Desktop\\ 文本挖掘 \\ 词库 .txt', 'r', encoding='utf8').
read()
```

第五步：使用 jieba 对文档进行分词，使用 jieba 的 cut 函数对文档进行切分，代码如下。

```
words_ls = jieba.cut(txt1, cut_all=True)
#jieba.cut()：第一个参数为需要分词的字符串，第二个 cut_all 控制是否为全模式
words_split = " ".join(words_ls)
```

第六步：使用 wordcloud 制作词云。设置词云图片的背景色为白色，字体为黑体，字体大小等，最后词云以图片形式输出，代码如下。

```
wc=WordCloud(scale=4,background_color='white',max_words=100,max_font_size=60,
random_state=20)
wc.font_path="simhei.ttf"
# 可以对全部文本进行自动分词
my_wordcloud = wc.generate(words_split)
#4、词云显示
plt.imshow(my_wordcloud)
plt.axis("off")
plt.show()

wc.to_file('zzz.png') # 保存图片文件
```

技能点三　3D 图：三维数据集

3D 图指的是三维立体图，表示空间的三个纬度，是一种具有立体效果、具有真实感的图形。3D 图可以弥补平面坐标图表的不足，多维度展现数据，其包括 3D 柱状图、3D 折线图、3D 散点图、3D 曲面图，这里主要介绍 3D 柱状图。

1.3D 可视化

3D 可视化是通过图像、三维动画及计算机程控技术与实体模型相融合，实现对设备的可视化，创建一个使管理者有身临其境的感觉，可以帮助管理者更清晰的获取信息数据，实时监控关键数据参数，使管理者更直观高效地工作。如图 7-9 所示为某车间 3D 楼层可视化。

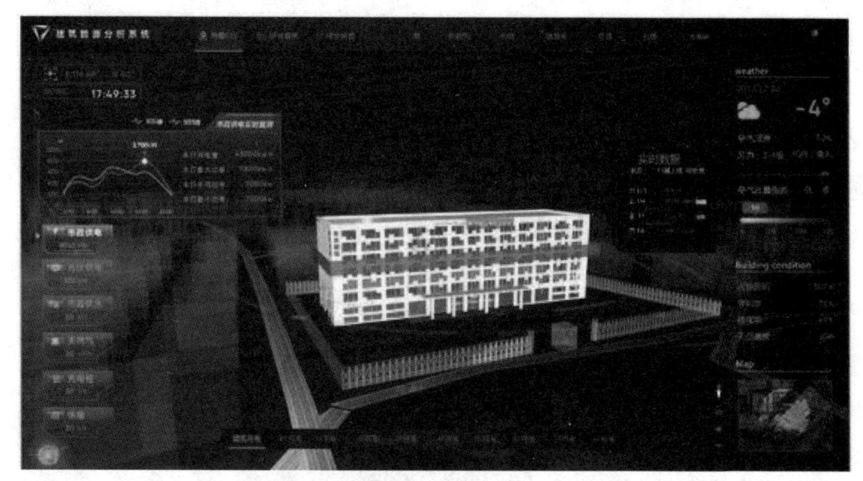

图 7-9　3D 可视化

2.3D 图的使用

制作 pyecharts 3D 图时，需要用到一些通用属性，以下为 3D 柱状图的 Bar3D.add() 方法及其属性详细说明，3D 柱状图的属性介绍具体如表 7-3 所示。

```
Bar3D.add("系列名称", "横坐标轴数据", "纵坐标轴数据", data, grid3D_opacity, grid3D_shading)
```

表 7-3　3D 柱状图属性

名称	类型	描述
data	list	数据项，数据中，每一行是一个数据项，每一列属于一个维度
grid3D_opacity	int	3D 笛卡儿坐标系组的透明度（柱状的透明度），默认为 1，完全不透明
grid3D_shading	String	三维柱状图中三维图形的着色效果 color：只显示颜色，不受光照等其他因素的影响 lambert：通过经典的 lambert 着色表现光照带来的明暗 realistic：真实感渲染，可以让展示的画面效果和质感有质的提升

如图 7-10 所示为某公司每日销量数据。通过 3D 柱状图分析后，如图 7-11 所示，*X* 轴代表周数，*Y* 轴代表一周天数，*Z* 轴代表每天销量，最终实现某公司近五周来每天的销售量统计。

week	周一	周二	周三	周四	周五
week1	76	41	55	26	34
week2	56	55	45	78	36
week3	78	36	89	15	68
week4	25	69	85	45	69
week5	56	96	58	25	58

图 7-10　3D 图数据

某公司连续五周每天销量统计

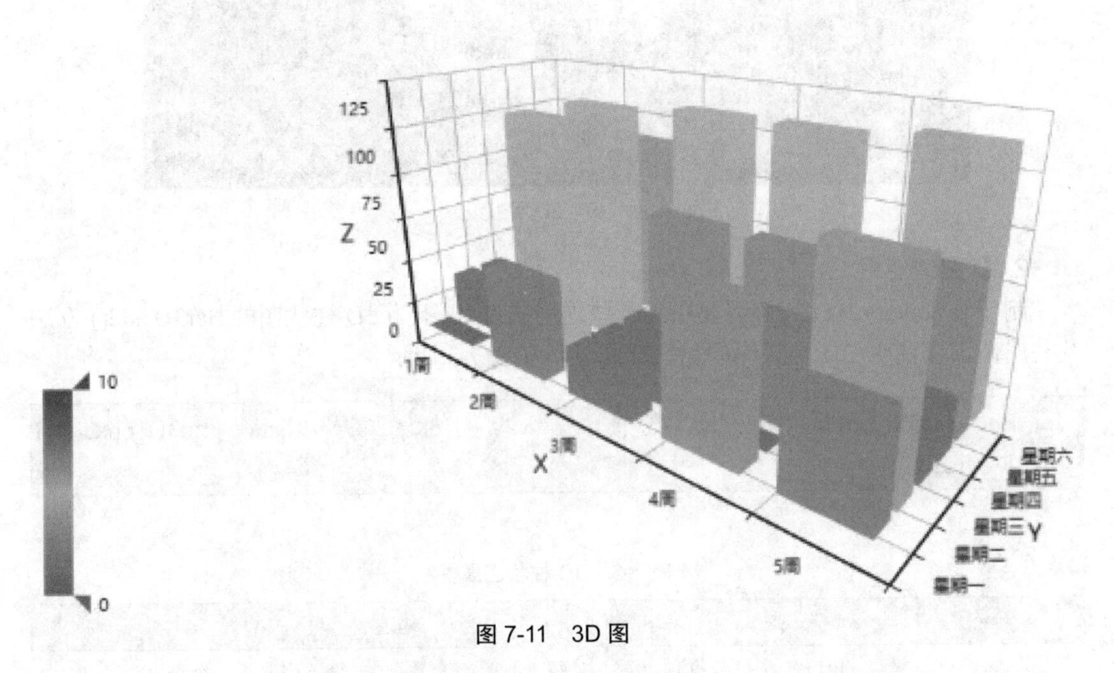

图 7-11　3D 图

为了实现图 7-11 效果，具体步骤如下。

第一步：准备数据（模拟数据）。如下所示为实现 3D 图的数据。

```
{
  "xaxis":["1 周", "2 周", "3 周", "4 周", "5 周"],
  "yaxis":["星期一", "星期二", "星期三", "星期四", "星期五", "星期六"],
  "zaxis":[0, 25, 50, 75, 100, 125]
}
```

第二步：导入相关图表包，从 pyecharts 库里导入选项、Bar3D 模块等，代码如下。

```
import random
from example.commons import Collector, Faker
from pyecharts import options as opts
from pyecharts.charts import Bar3D, Page
import json

f =open('product.json')
res=f.read()
cc=json.loads(res)
print(cc["xaxis"])
```

第三步：创建图表对象进行图表的基础设置。设置 3D 图 X、Y、Z 轴数值。利用 add() 方法进行数据输入与图表设置，利用 render() 方法来进行图表保存，代码如下。

```
@C.funcs
def bar3d_base() -> Bar3D:
    data = [(i, j, random.randint(0, 5)) for i in range(6) for j in range(5)]
    c = (
        Bar3D()
        .add(
            "",
            [[d[1], d[0], d[2]] for d in data],
            xaxis3d_opts=opts.Axis3DOpts(cc["xaxis"]),
            yaxis3d_opts=opts.Axis3DOpts(cc["yaxis"]),
            zaxis3d_opts=opts.Axis3DOpts(cc["zaxis"]),
        )
        .set_global_opts(
            visualmap_opts=opts.VisualMapOpts(max_=0),
            title_opts=opts.TitleOpts(title="某公司连续五周每天销量统计"),
        )
    )
    return c


Page().add(*[fn() for fn, _ in C.charts]).render()
```

技能点四 地图:空间位置的数据分析

地图是指按一定的比例运用线条等描绘显示地球表面的自然地理位置的图形,其分为“世界”“国家”“省”“县/市”等类型地图。

1. 地图数据特点

在项目开发或平时学习的过程中,时常需要将数据在地图上展示。例如:微信好友全国分布,显示票房省份数据,全国评分、人口迁徙显示等。

腾讯位置大数据网站通过地图实时向用户展示当天天津人口流入、流出数据。

2. 地图的使用

以下为实现 pyecharts 地图的 maps.add() 方法及其属性详细说明,地图的属性介绍具体如表 7-4 所示。

```
maps.add("系列名称", "数据项(坐标点名称,坐标点值)", maptype , is_selected , is_roam,zoom...)
```

表 7-4 地图属性及说明

名称	类别	说明
maptype	str	地图类型
is_roam	bool	是否开启鼠标缩放和平移漫游
itemstyle_opts		地图区域的多边形图形样式
emphasis_itemstyle_opts		高亮状态下的多边形样式
emphasis_label_opts		高亮状态下的标签样式
zoom	Numeric	当前视角的缩放比例
symbol	str	标记图形形状
is_map_symbol_show	bool	是否显示标记图形

pyecharts 中的 Map 地图组件可用来实现地理区域的数据可视化,步骤如下。

第一步,准备数据(图 7-12)。

```
# 世界地图数据
value = [95, 23, 43, 66, 88]
attr= ["China", "Canada", "Brazil", "Russia", "United States"]
```

图 7-12 世界 JSON 数据

第二步，导入相关图表包，从 pyecharts 库里导入选项、Map 模块等，通过 map().add 加载地图的数据。

```
from example.commons import Collector, Faker
from pyecharts import options as opts
from pyecharts.charts import Map, Page
C = Collector()

@C.funcs
def map_world() -> Map:
    c = (
        Map()
        .add("某企业工厂", [list(z) for z in zip(Faker.country, Faker.values())], "world")
        .set_series_opts(label_opts=opts.LabelOpts(is_show=False))
        .set_global_opts(
            title_opts=opts.TitleOpts(title="某企业工厂在世界的分布图"),
            visualmap_opts=opts.VisualMapOpts(max_=200),
        )
    )
    return cPage().add(*[fn() for fn, _ in C.charts]).render()
```

使用中国地图实现某企业工厂的分布显示，步骤如下。

第一步，准备数据（模拟数据）（图 7-13）。

```
data = [
    ("新疆", 9), ("西藏", 12), ("内蒙古", 32), ("黑龙江", 24), ("吉林", 36), ("辽宁", 55), ("河南", 86), ("河北", 95),
    ("北京", 16), ("上海", 27), ("天津", 20), ("重庆", 49), ("四川", 56), ("云南", 66), ("广东", 73), ("福建", 55)
]
```

图 7-13　中国地图 JSON 数据

第二步，代码如下。

```
def map_visualmap() -> Map:
    c = (
        Map()
        .add("商家 A", [
       ("新疆", 9), ("西藏", 12), ("内蒙古", 32), ("黑龙江", 24), ("吉林", 36), ("辽宁", 55),
("河南", 86), ("河北", 95),
       ("北京", 16), ("上海", 27), ("天津", 20), ("重庆", 49), ("四川", 56), ("云南", 66), ("广
东", 73), ("福建", 55)
    ], "china")
        .set_global_opts(
            title_opts=opts.TitleOpts(title="Map-VisualMap（连续型）"),
            visualmap_opts=opts.VisualMapOpts(max_=200),
        )
    )
```

快来扫一扫！

提示：当我们使用 pyecharts 绘制图表时，是否觉得图表样式单一。想要尝试不同主题风格的图表吗？扫描图中二维码，了解更多有关图表的故事。

通过下面三个步骤的操作，实现图 7-2 所示的智慧工厂能耗管理模块界面的效果。

第一步：准备数据（模拟数据）。

将各工厂耗能数据汇总统计，如表 7-5 所示为工厂前半年每月第五周的工厂能耗。

表 7-5　工厂能耗

月	周	用电量（kW•h）
1 月	第五周	25
2 月	第五周	25
3 月	第五周	50
4 月	第五周	75
5 月	第五周	100
6 月	第五周	125

第二步：能耗管理水球图的制作。

● 导入相关图表包，从 pyecharts 库里导入选项、水球图包等，代码如下。

```
from example.commons import Collector
from pyecharts import options as opts
from pyecharts.charts import Liquid, Page
// 定义水球形状的包
from pyecharts.globals import SymbolType
C = Collector()
```

● 创建图表对象进行图表的基础设置。在 add() 方法里添加水球图数据、通过 is_outline_show 属性显示水球图边框、shape 属性设置水球图形状，代码如下。

```
@C.funcs
def liquid_shape_diamond() -> Liquid:
    c = (
        Liquid()
        .add("lq", [0.4, 0.7], is_outline_show=False, shape=SymbolType.DIAMOND)
    )
    return c
```

● 利用 add() 方法进行数据输入与图表设置，利用 render() 方法来进行图表保存。代码如下，生成的 HTML 文件如图 7-14 所示，运行 HTML 文件效果如图 7-15 所示。

```
Page().add(*[fn() for fn, _ in C.charts]).render()
```

● 把生成的 HTML 文件导入项目中。项目中主体界面布局代码如 CORE0701 所示。

代码 CORE0701：

```
<div class="robin_circle" style="margin: -20px 0px 0px 0px;">
        <div class="r_out">
         <div id="cbe36aeb08b748a791ca91c928d63eac" style="width:280px;
height:280px;margin-left: -80px"></div>
// 水球图底部文字信息
        </div>
// 多个水球图
      </div>
```

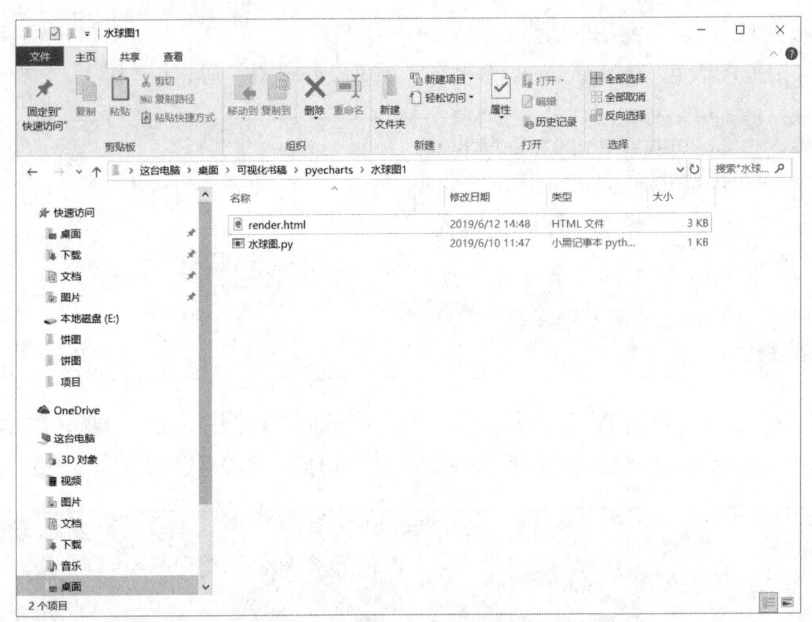

图 7-14　能耗管理水球图 HTML 文件

图 7-15　水球图

● 引入水球图 HTML 文件代码。修改图表的大小、修改水球图数值等。代码如 CORE0702 所示，实现效果图如图 7-16 所示。

代码 CORE0702：

```
<script type="text/javascript"
src="https://assets.pyecharts.org/assets/echarts.min.js"></script>
<script type="text/javascript"
src="https://assets.pyecharts.org/assets/echarts-liquidfill.min.js"></script>
<script>
 var chart_cbe36aeb08b748a791ca91c928d63eac = echarts.init(
```

```
        document.getElementById('cbe36aeb08b748a791ca91c928d63eac'), 'white',
{renderer: 'canvas'});
 var option_cbe36aeb08b748a791ca91c928d63eac = {
  "series": [
   {
    "type": "liquidFill",
    "name": "lq",
    "data": [
     0.9,
     0.9
    ],
    "waveAnimation": true,
    "animationDuration": 2000,
    "animationDurationUpdate": 1000,
    "color": [
     "#294D99",
     "#156ACF",
     "#1598ED",
     "#45BDFF"
    ],
    "shape": "diamond",
    "outline": {
     "show": false
    },
    "label": {
     "show": true,
     "position": "inside",
     "margin": 8,
     "fontSize": 40
    }
   }
  ],
  "legend": [
   {
    "data": [],
    "selected": {}
   }
  ],
```

```
        "tooltip": {
         "show": true,
         "trigger": "item",
         "triggerOn": "mousemove|click",
         "axisPointer": {
          "type": "line"
         },
         "textStyle": {
          "fontSize": 14
         },
         "borderWidth": 0
        }
        };    chart_cbe36aeb08b748a791ca91c928d63eac.setOption(option_cbe36aeb08b748a-
791ca91c928d63eac);
    </script>
```

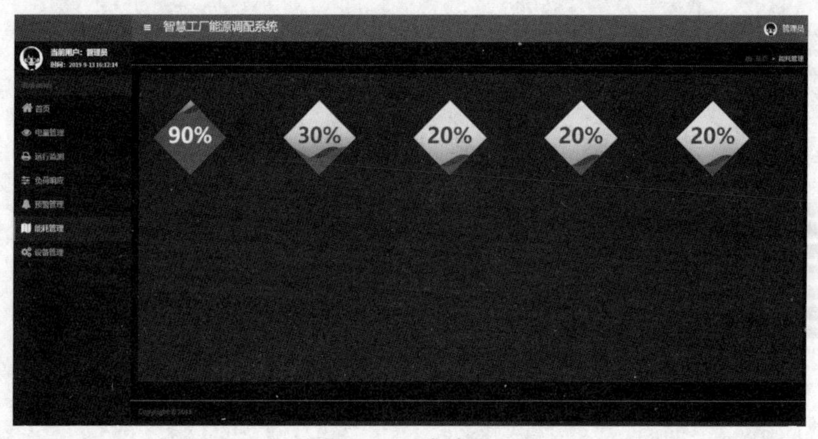

图 7-16　水球图

第三步：水球图底部信息的制作。

水球图底部信息由两个带颜色的 div 组成，通过 Bootstrap 属性设置颜色，值分别为能耗的实际值和计划值，代码如下，效果如图 7-17 所示。

```
  <p> 总能耗 (kW•h)</p><br>
      <div class="alert alert-success alert-lost">
       实际值：45685
      </div>
      <div class="alert alert-warning alert-lost">
       计划值：65264
      </div>
```

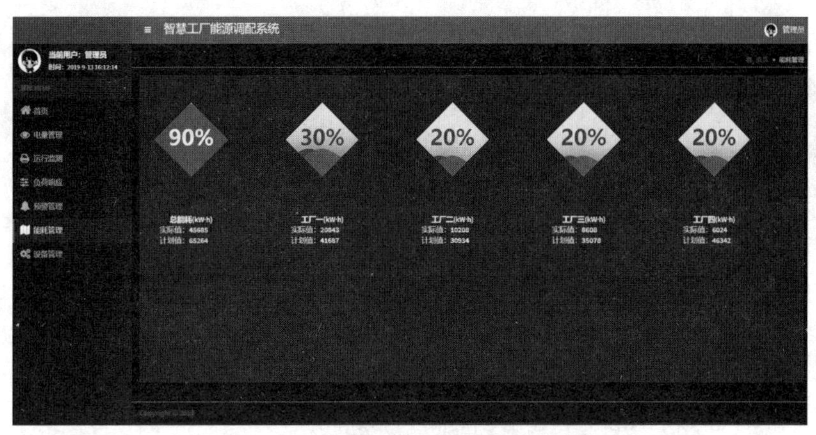

图 7-17　水球图详细信息设置样式前

通过 Bootstrap 的 class 类设置 div 的颜色分别为绿色、黄色。设置样式后效果如图 7-18 所示。

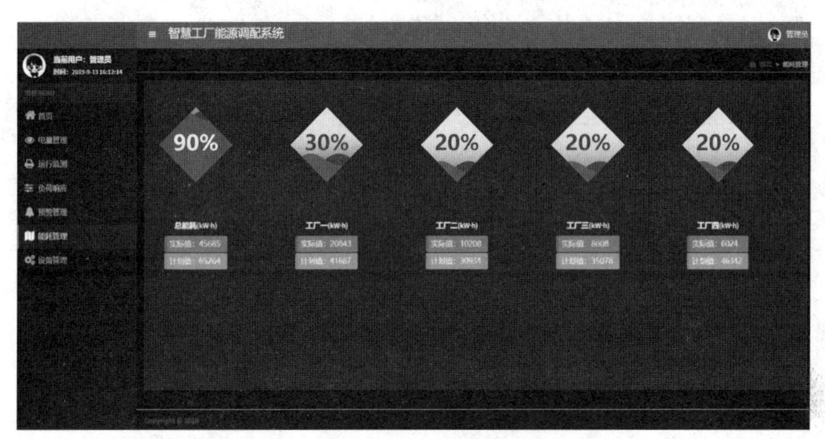

图 7-18　水球图详细信息设置样式后

第四步：上半年能耗 3D 图的制作。

● 导入相关图表包，从 pyecharts 库里导入选项、3D 图包等，代码如下。

```
import random
from example.commons import Collector, Faker
from pyecharts import options as opts
from pyecharts.charts import Bar3D, Page
import json

f =open('product.json')
res=f.read()
cc=json.loads(res)
print(cc["xaxis"])
```

● 创建图表对象进行图表的基础设置。设置 3D 图的 X、Y、Z 轴数据，代码如下。

```
@C.funcs
def bar3d_base() -> Bar3D:
    data = [(i, j, random.randint(0, 5)) for i in range(6) for j in range(5)]
    c = (
        Bar3D()
        .add(
            "",
            [[d[1], d[0], d[2]] for d in data],
            xaxis3d_opts=opts.Axis3DOpts(cc["xaxis"]),
            yaxis3d_opts=opts.Axis3DOpts(cc["yaxis"]),
            zaxis3d_opts=opts.Axis3DOpts(cc["zaxis"]),        )
        .set_global_opts(
# 指定 visualMapPiecewise 组件的最大值。
            visualmap_opts=opts.VisualMapOpts(max_=10),
# 如果 left 的值为 'left', 'center', 'right'，组件会根据相应的位置自动对齐。
            title_opts=opts.TitleOpts(title="2019 年上半年能耗 ",pos_left="center"),
        )
    )
return c

Page().add(*[fn() for fn, _ in C.charts]).render()
```

生成的 HTML 文件如图 7-19 所示，运行 HTML 文件效果如图 7-20 所示。

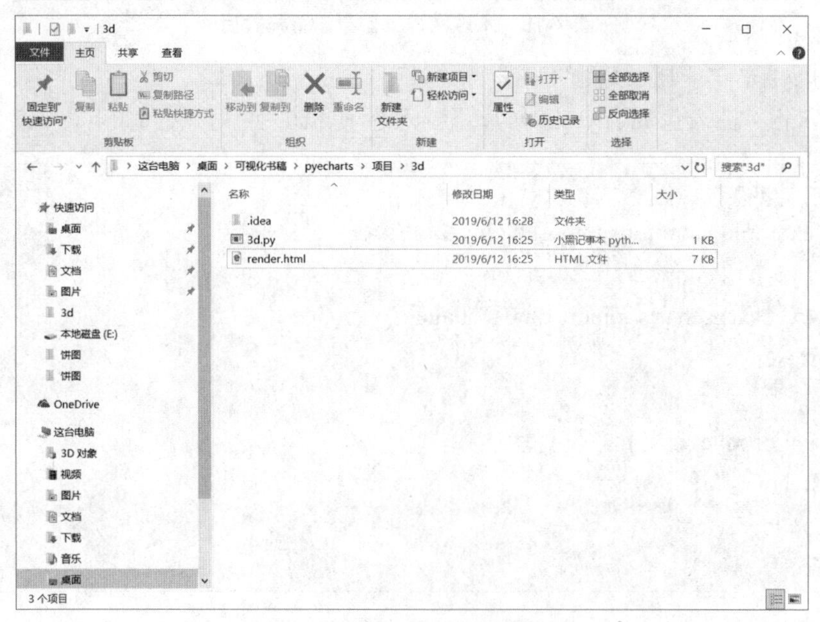

图 7-19　3D 图 HTML 文件

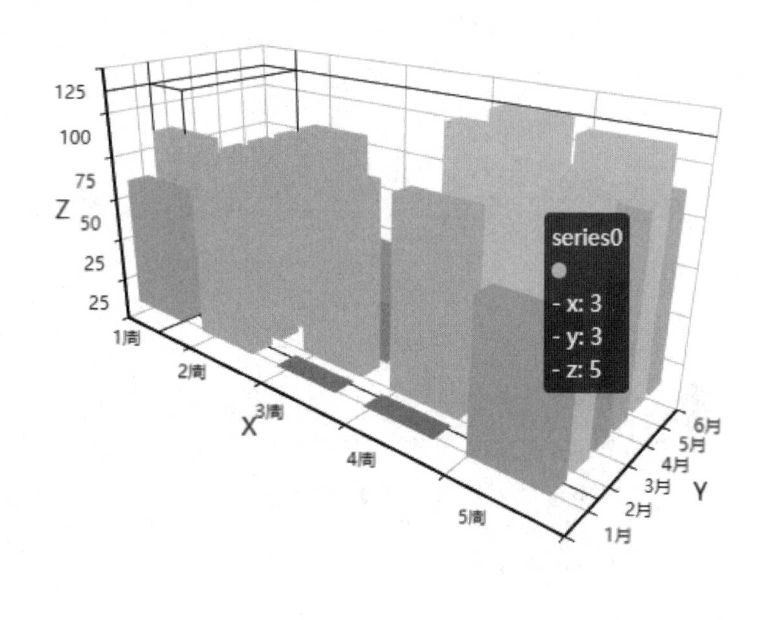

图 7-20　3D 图

● 把生成的 HTML 文件导入项目中。引入 3D 图 HTML 文件代码。代码如 CORE0703 所示，实现效果图如图 7-21 所示。

代码 CORE0703：

```
<div id="32b657d5daf64430836b7f51a602145d" style="width:900px;
height:500px;"></div>
<script type="text/javascript"
 src="https://assets.pyecharts.org/assets/echarts-gl.min.js"></script>
<script>
 var chart_32b657d5daf64430836b7f51a602145d = echarts.init(
        document.getElementById('32b657d5daf64430836b7f51a602145d'), 'white',
 {renderer: 'canvas'});
 var option_32b657d5daf64430836b7f51a602145d = {
     "label": {
       "show": false,
       "position": "top",
       "margin": 8,
       "fontSize": 12
```

```
        }
      }
    ],
    "legend": [
      {
        "data": [
          ""
        ],
        "selected": {},
        "show": true
      }
    ],
    "tooltip": {
      "show": true,
      "trigger": "item",
      "triggerOn": "mousemove|click",
      "axisPointer": {
        "type": "line"
      },
      "textStyle": {
        "fontSize": 14
      },
      "borderWidth": 0
    },
    "visualMap": {
      "type": "continuous",
      "min": 0,
      "max": 10,
      "inRange": {
        "color": [
          "#50a3ba",
          "#eac763",
          "#d94e5d"
        ]
      },
      "calculable": true,
      "splitNumber": 5,
      "orient": "vertical",
```

```
      "showLabel": true
    },
    "xAxis3D": {
      "data": [
        "1\u5468",
        "2\u5468",
        "3\u5468",
        "4\u5468",
        "5\u5468"
      ],
      "nameGap": 20,
      "axisLabel": {
        "margin": 8,
      },
      axisLine:{
        lineStyle:{
          color:'#fff',
        }
      },
    },
  // 省略部分代码
        };      chart_32b657d5daf64430836b7f51a602145d.setOption(option_32b657d-
5daf64430836b7f51a602145d);
  </script>
```

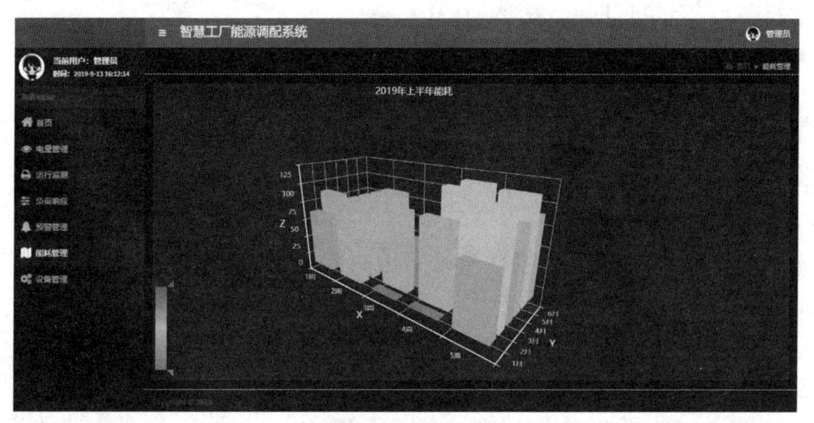

图 7-21　3D 图

至此智慧工厂能耗管理模块界面制作完成。

本项目通过对智慧工厂能耗管理模块的学习，对水球图、词云、3D 图等数据特点具有初步了解，掌握使用 pyecharts 绘制水球图、词云、3D 图等的相关配置选项，具有使用 pyecharts 绘制图表的能力，为后期使用 pyecharts 绘制图表打下基础。

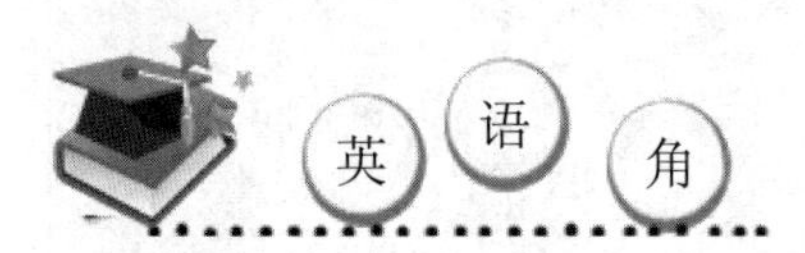

liquid	水球图	param	停止
wordcloud	词云	diamond	钻石
outline	大纲	shading	阴影
formatter	格式化程序	realistic	现实的
visual	视觉	word frequency	词频

一、选择题

1. 设置水球图波浪颜色的属性是（　　）。

A. data　　B. shape

C. liquid_color　　D. is_liquid_animation

2.（　　）定义水球图是否显示边框。

A. is_liquid_outline_show　　B. is_liquid_animation

C. liquid_color　　D. shape

3.（　　）属性设置单词间隔，默认为 20。

A. word_gap　　B. word_size_range

C. rotate_step　　D. shape

4. word_size_range 属性代表（　　）。

A. 词云图轮廓　　B. 单词字体大小范围

C. 旋转单词角度　　D. 单词间隔

5.（　　）属性表示 3D 笛卡儿坐标系组的透明度。

A. realistic　　B. lambert

C. grid3D_shading　　D. grid3D_opacity

二、填空题

1.shape 设置水球外形，有 'circle', 'rect', 'roundRect', 'triangle', 'diamond', 'pin', 'arrow' 可选。默认为__________。

2.__________设置波浪颜色。

3. 词云主要包括词云数组、配置词云的__________方法等。

4.__________属性设置旋转单词角度。

5. 定义词云显示的数据。Words 数组里第一个属性为属性名称，第二个值为__________。

三、上机题

使用 pyecharts 编写符合以下要求的网页。

要求：使用 pyecharts 水球图等知识点实现以下效果。

项目八　基于 pyecharts 实现智慧工厂设备管理模块

通过实现智慧工厂设备管理模块，了解组合图、热力图的应用场景，学习组合图－时间线轮播多图的使用，掌握使用 Tomcat 部署及发布项目，具有使用 Tomcat 部署及发布项目的能力。在任务实现过程中：

- 了解组合图、热力图的应用场景；
- 学习组合图、热力图的数据特点；
- 掌握 pyecharts 绘制组合图、热力图的基本配置；
- 具有使用 Tomcat 部署及发布项目的能力。

课程思政

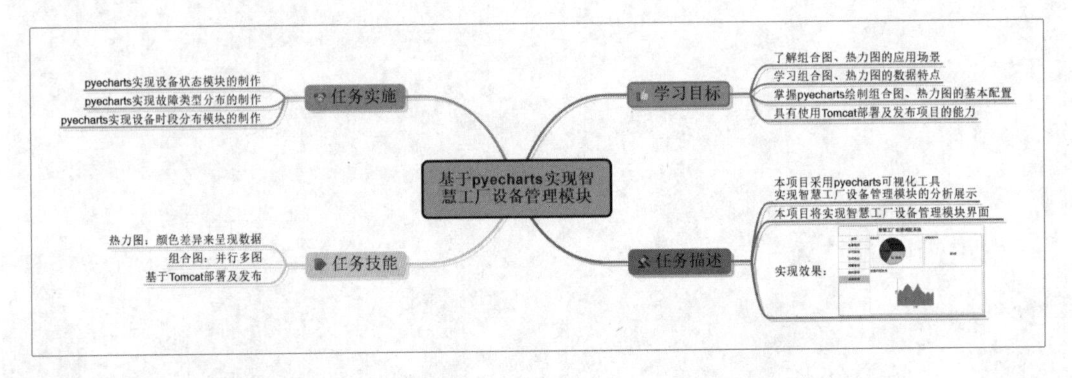

【情境导入】

工业企业对于设备的管理非常重视，通常为了保证生产设备的正常运行，对设备数据进行收集及分析，如正常运行、处于故障警报中以及未运行的设备数据收集，便于工厂管理者进行决策，确保每个工厂都能正常运行。本项目采用 pyecharts 可视化工具实现智慧工厂设备管理模块的分析展示。

【功能描述】

本项目将实现智慧工厂设备管理模块界面。

- 使用 pyecharts 实现设备状态模块的制作；
- 使用 pyecharts 实现故障类型分布的制作；
- pyecharts 实现设备时段分布模块的制作。

【基本框架】

基本框架如图 8-1 所示，通过本项目的学习，能将框架图 8-1 转换成智慧工厂设备管理模块界面，效果如图 8-2 所示。

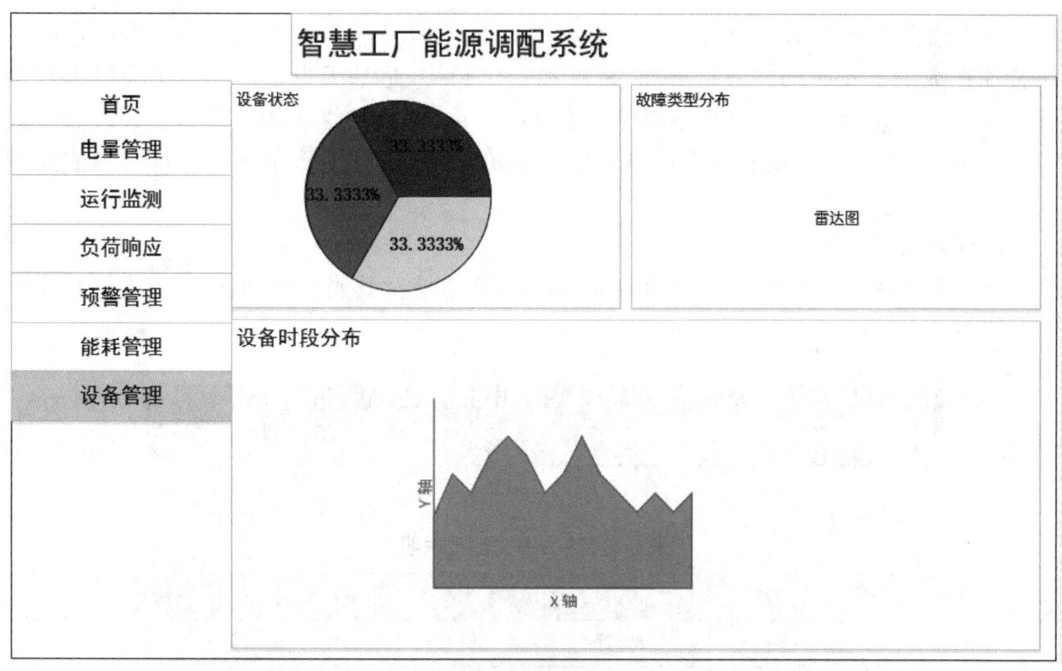

图 8-1　框架图

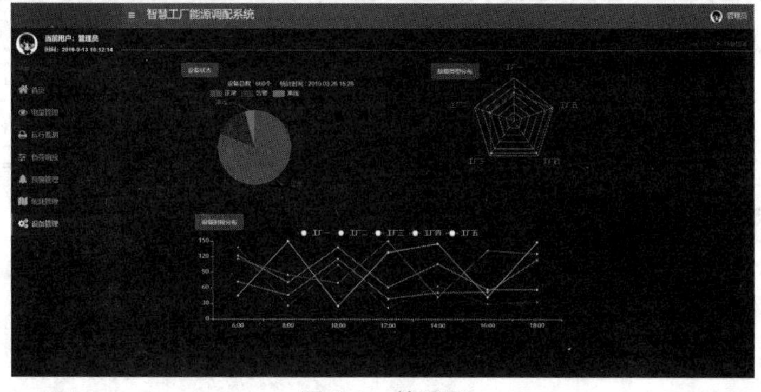

图 8-2　效果图

技能点一　热力图:颜色差异来呈现数据

热力图是一种能通过颜色表示数值分布、大小的图表,其应用非常广泛,通过热力图可以实现以特殊高亮的形式显示目标所在地理区域。除此之外,还可以用热力图分析网站信息,如可以显示不可点击区域发生的事情、大多数访客关注的信息以及访客喜欢的链接等。

1. 热力图数据特点

热力图需要配合 visualMap 组件使用,具有强调、引人注目等作用。用不同颜色的区块叠加在地图上实时描述人群分布、密度和变化趋势,是基于大数据的一个便民出行服务。百度地图为用户提供的热力图使用不同的颜色、不同的深浅程度来显示该区域人群流量情况,便于用户直观地看出区域内的人群流量,可以方便驾车人士进行合理的路线规划。

2. 热力图的使用

以下为实现 pyecharts 热力图的 HeatMap.add() 方法及其属性详细说明,该方法具体属性介绍如表 8-9 所示。

```
HeatMap.add("系列名称", x_axis, y_axis, data,is_visualmap, visual_text_color, visual_orient)
```

表 8-1　热力图属性及说明

名称	类别	说明
name	str	系列名称
x_axi	str	x 坐标轴数据
y_axis	str	y 坐标轴数据
data	list	数据项,数据中,每一行是一个数据项,每一列属于一个维度

如图 8-3 所示为"某人微信每日活跃度"的数据统计分析热力图,可以直观地看出一周内每天使用微信的情况。

为了实现图 8-4 效果,具体步骤如下。

第一步:准备数据(模拟数据)。

实现热力图的数据如下。

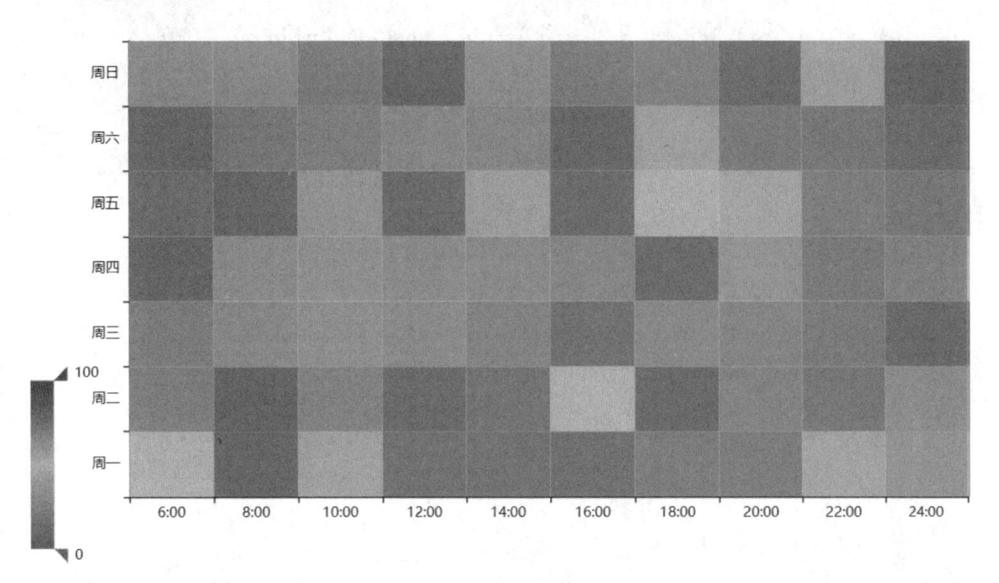

图 8-3　热力图

```
{
    "data":["6:00", "8:00", "10:00", "12:00", "14:00", "16:00", "18:00", "20:00", "22:00",
"24:00"]
}
```

第二步：导入相关图表包。

设置热力图参数，导入 random 库，设置热力图表中数据为随机数，代码如下。

```
import random
from example.commons import Collector, Faker
from pyecharts import options as opts
from pyecharts.charts import HeatMap, Page
import json

f =open('product.json')
res=f.read()
cc=json.loads(res)
print(cc["data"])

C = Collector()

@C.funcs
```

```
def heatmap_base() -> HeatMap:
    value = [[i, j, random.randint(0, 50)] for i in range(24) for j in range(7)]
    c = (
        HeatMap()
            .add_xaxis(["6:00", "8:00", "10:00", "12:00", "14:00", "16:00", "18:00", "20:00",
"22:00", "24:00"])
        .add_yaxis("信息条数", Faker.week, value)
        .set_global_opts(
            title_opts=opts.TitleOpts(title="某人微信消息每日发送条数"),
            visualmap_opts=opts.VisualMapOpts(),
        )
    )
    return c

Page().add(*[fn() for fn, _ in C.charts]).render()
```

技能点二　组合图:并行多图

组合图是由两个或两个以上的独立图形组合而成的,其具有两种组合形式,一种是拼接组合,另一种是重叠组合,以此来形成更具有说服力的图形。pyecharts 组合图根据以上两种叠加方式可以分为并行展示多图(Grid)、顺序展示多图(Page)、时间线轮播多张图(Timeline)三种类型。

1. 组合图数据特点

组合图可以作为一个整体进行移动、修改大小等操作,具有全面透彻、操作方便、互动制约等特点。

同花顺炒股票软件通过组合图实时展示各企业股票变化,如图 8-4 所示,使用组合柱状图和折线图便于用户清晰、直观地看出该企业股票在一天内的成交量以及当日股价。

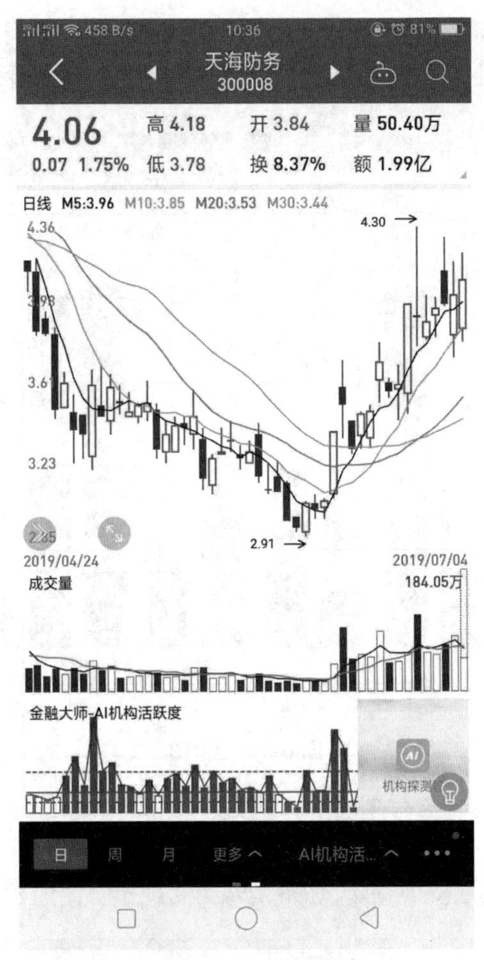

图 8-4　股票组合图

2. 组合图的使用

实现图 8-5 效果需要用到一些属性，表 8-2 为 pyecharts 组合图部分属性介绍。

表 8-2　组合属性及说明

名称	类型	说明
axis_type	str	坐标轴类型。可选：'value' 为数值轴，适用于连续数据；'category' 为类目轴，适用于离散的类目数据，为该类型时必须通过 data 设置类目数据；'time' 为时间轴，适用于连续的时序数据
orient	str	时间轴的类型。可选：'horizontal' 为水平；'vertical' 为垂直
play_interval		表示播放的速度（跳动的间隔），单位毫秒（ms）
is_auto_play	bool	是否自动播放，默认为 False
is_loop_play	bool	是否循环播放，默认为 True
is_timeline_show	bool	是否显示 timeline 组件，默认为 True

如图 8-5 所示为“某商店近年来营业额”的数据统计分析时间线轮播多张图，该组合图由时间轴与柱状图拼合组成，通过时间线可以自由切换查看近 5 年来的营业情况。

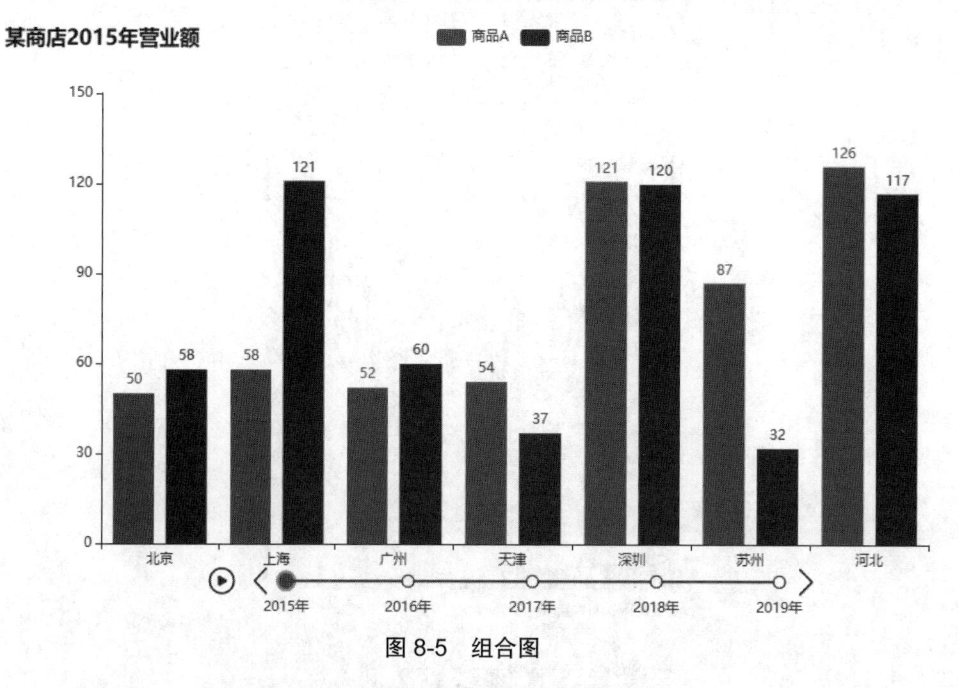

图 8-5 组合图

为了实现图 8-5 效果，具体步骤如下。

第一步：准备数据。

通过大数据分析得到 city 数据集，如下所示为实现组合图的数据。

```
{
  "city":["北京", "上海", "广州", "天津", "深圳", "苏州", "河北"]
}
```

第二步：导入相关图表包，设置组合图参数，利用 add() 方法设置组合图数据、标签配置项，利用 render() 方法来进行图表保存，代码如下。

```
from example.commons import Collector, Faker
from pyecharts import options as opts
from pyecharts.charts import Bar, Page, Timeline
import json

f =open('product.json')
res=f.read()
cc=json.loads(res)
print(cc["city"])
```

```
C = Collector()
@C.funcs
def timeline_bar() -> Timeline:
    tl = Timeline()
    for i in range(2015, 2020):
        bar = (
            Bar()
            .add_xaxis(cc["city"])
            .add_yaxis("商品 A", Faker.values())
            .add_yaxis("商品 B", Faker.values())
            .set_global_opts(title_opts=opts.TitleOpts("某商店 {} 年营业额".format(i)))
        )
        tl.add(bar, "{} 年".format(i))
    return tl
Page().add(*[fn() for fn, _ in C.charts]).render()
```

技能点三　基于 Tomcat 部署及发布

Tomcat 服务器是 Sun 公司出品的优秀的开源 web 服务器，Tomcat 是 jakarta 项目中的一个重要的子项目，其被 JavaWorld 杂志的编辑选为 2001 年度最具创新意义的 Java 产品，同时它又是 Sun 公司官方推荐的 servlet 和 JSP 容器，具有免费、开源、支持最新标准、更新快、跨平台等特点，因此其受到越来越多软件公司和开发人员的喜爱。

1. 安装 Tomcat

随着 Java 的流行，其在 web 上的应用也越来越广，Tomcat 作为一个开源的 servlet 容器，应用前景越来越广。以下为安装 Tomcat 的具体步骤。

第一步：安装 Java 环境。

首先下载 jdk 进行安装，然后进行环境配置，最后打开命令窗口，输入“java -version”，如若出现版本号即代表安装成功。

第二步：下载 Tomcat。

找到 Tomcat 官方网址（http://tomcat.apache.org/），选择适合的版本进行下载，如图 8-6 所示。

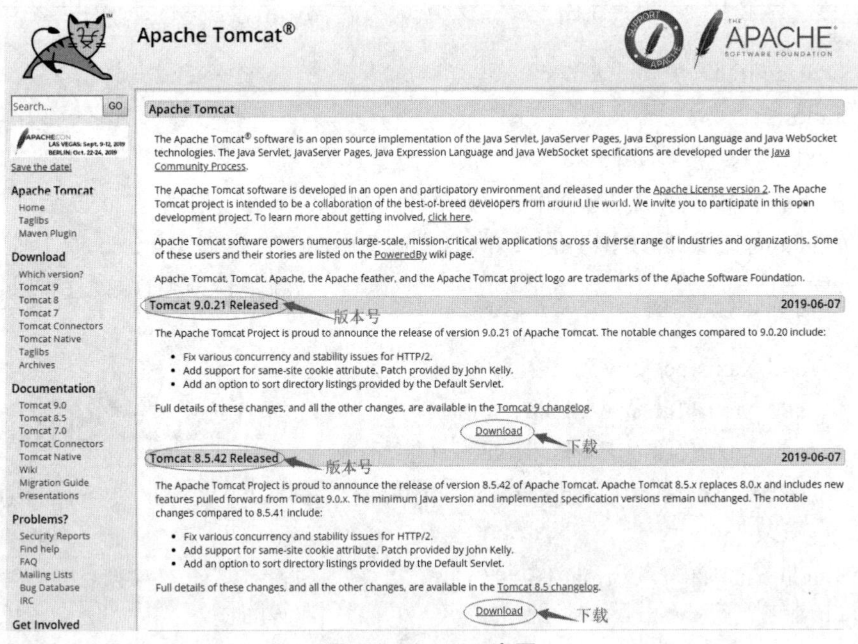

图 8-6　Tomcat 官网

第三步：解压。

下载完成后，进行解压，解压后目录结构如图 8-7 所示。

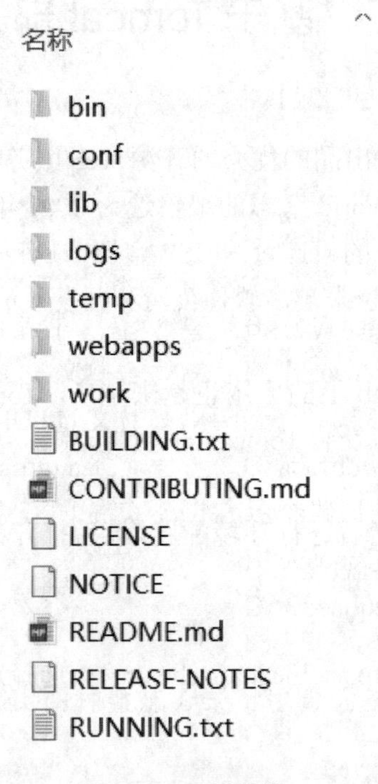

图 8-7　目录结构

其中每个文件的含义解释如下。

- bin：存放启动和关闭 Tomcat 脚本。

- conf：存放不同的配置文件（server.xml 和 web.xml）。
- lib：存放 Tomcat 运行需要的库文件（JARS）。
- logs：存放 Tomcat 执行时的 LOG 文件。
- temp：存放 Tomcat 运行的临时文件。
- webapps：Tomcat 的主要 Web 发布目录（包括应用程序示例）。
- work：存放 jsp 编译后产生的 class 文件。

第四步：启动 Tomcat。

启动 Tomcat 具有多种方式。注意，在启动之前一定要确保 Java 环境是否安装，如若未安装将会报错。以下为启动 Tomcat 的几种方式。

第一种：双击 bat 文件启动。

进入 Tomcat 安装目录下的 bin 文件夹，双击 startup.bat 文件，启动 Tomcat，如图 8-8 所示。

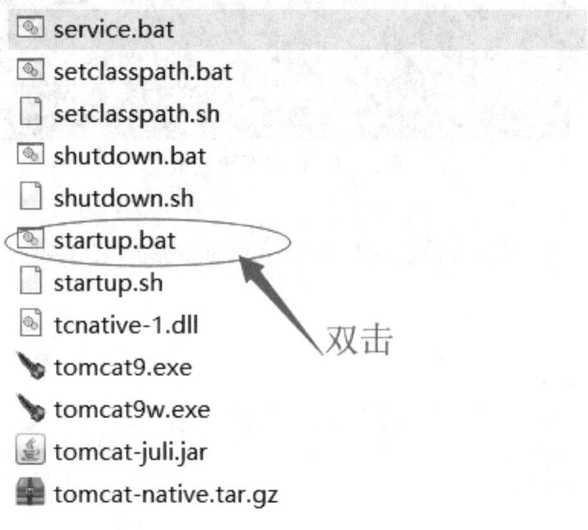

图 8-8 启动 Tomcat

第二种：命令行启动。

- 环境配置。

打开“高级系统设置”→“环境变量”，新建变量名为“CATALINA_HOME”，在“变量值”文本框输入 Tomcat 解压目录的路径，如图 8-9 所示。

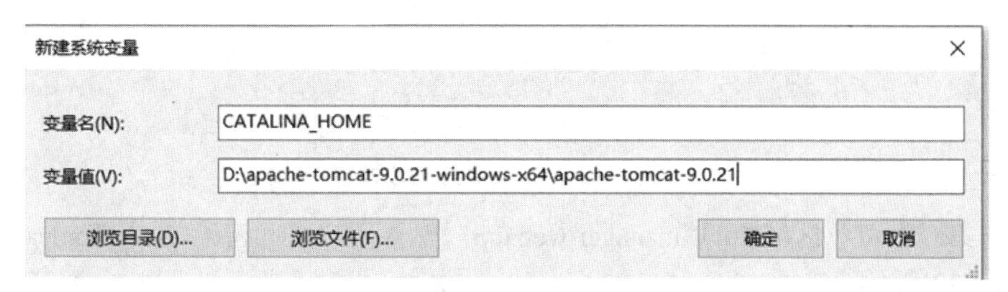

图 8-9 设置系统变量

找到“Path”的变量，点击编辑，在“变量值”文本框中添加“%CATALINA_HOME%\bin”，如图 8-10 所示。

%CATALINA_HOME %\bin
确定
取消

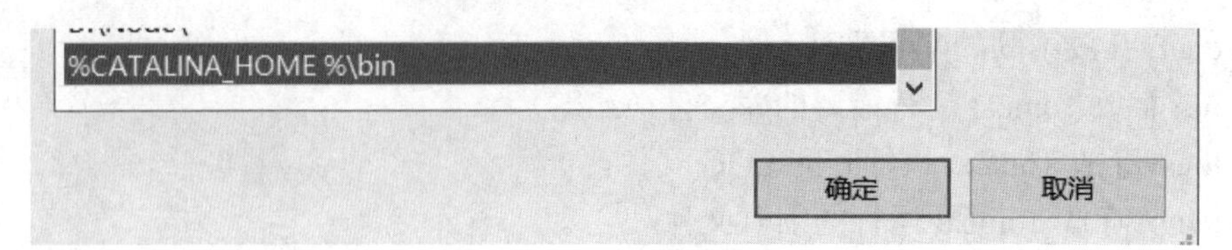

图 8-10　设置系统变量

注：如果不进行环境配置，输入"startup"，提示不是内部或外部命令。

● 启动 Tomcat。

输入"cmd"，打开命令窗口，输入"startup"，启动 Tomcat, 如图 8-11 所示。

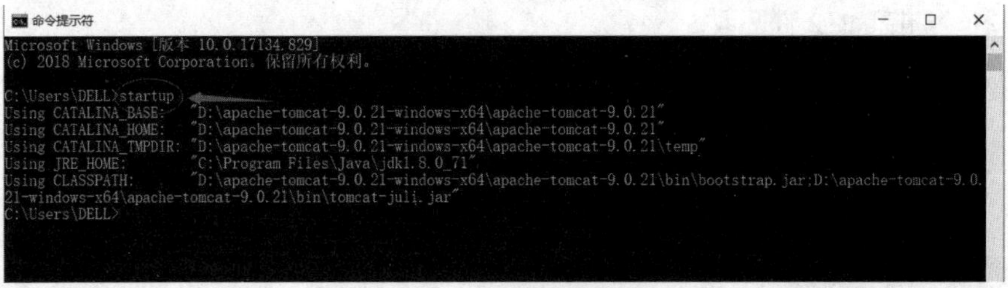

命令提示符
Microsoft Windows [版本 10.0.17134.829]
(c) 2018 Microsoft Corporation。保留所有权利。
C:\Users\DELL>startup
Using CATALINA_BASE: "D:\apache-tomcat-9.0.21-windows-x64\apache-tomcat-9.0.21"
Using CATALINA_HOME: "D:\apache-tomcat-9.0.21-windows-x64\apache-tomcat-9.0.21"
Using CATALINA_TMPDIR: "D:\apache-tomcat-9.0.21-windows-x64\apache-tomcat-9.0.21\temp"
Using JRE_HOME: "C:\Program Files\Java\jdk1.8.0_71"
Using CLASSPATH: "D:\apache-tomcat-9.0.21-windows-x64\apache-tomcat-9.0.21\bin\bootstrap.jar;D:\apache-tomcat-9.0.21-windows-x64\apache-tomcat-9.0.21\bin\tomcat-juli.jar"
C:\Users\DELL>

图 8-11　设置系统变量

2.Tomcat 部署

Tomcat 启动后，打开浏览器，输入：http://localhost:8080/，显示如图 8-12 所示，代表 Tomcat 启动成功。

Home Documentation Configuration Examples Wiki Mailing Lists Find Help
Apache Tomcat/9.0.21
If you're seeing this, you've successfully installed Tomcat. Congratulations!
Recommended Reading:
Security Considerations How-To
Manager Application How-To
Clustering/Session Replication How-To
Server Status
Manager App
Host Manager
Developer Quick Start
Tomcat Setup
First Web Application
Realms & AAA
JDBC DataSources
Examples
Servlet Specifications
Tomcat Versions
Managing Tomcat
Release Notes
Changelog
Migration Guide
Security Notices
Documentation
Tomcat 9.0 Documentation
Tomcat 9.0 Configuration
Tomcat Wiki
Getting Help
FAQ and Mailing Lists

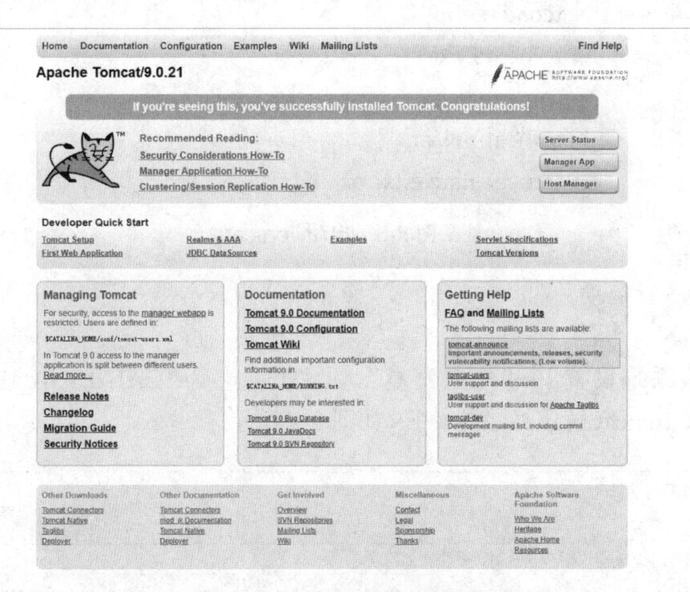

图 8-12　Tomcat 启动成功

点击第一个黄色区域中的"manager webapp"，输入用户名和密码，进入 Tomcat 管理页面，如图 8-13 所示。

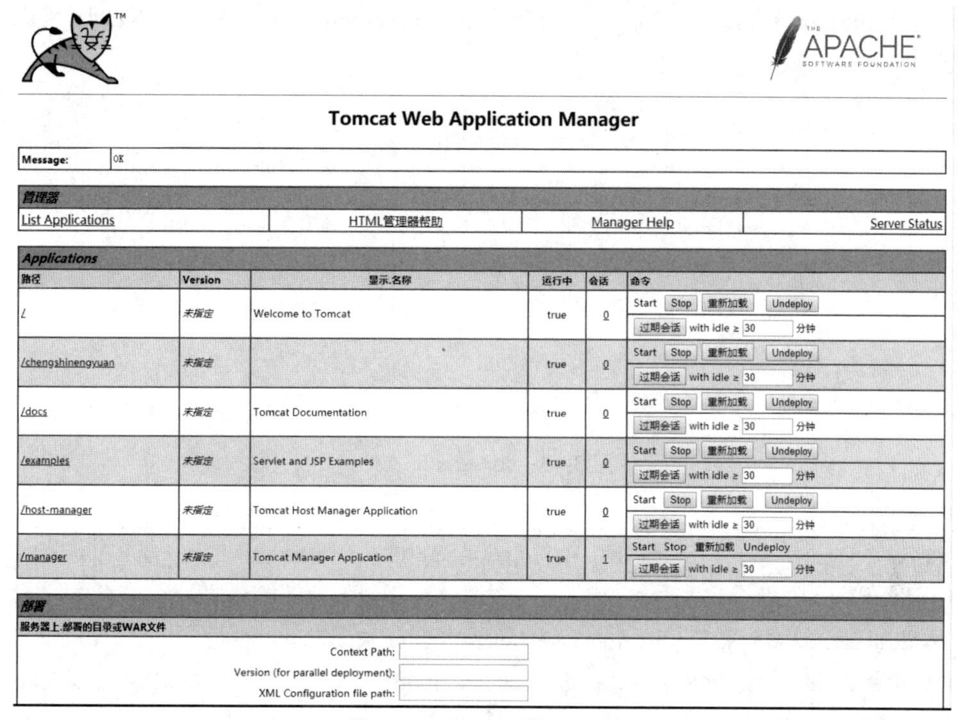

图 8-13　Tomcat 管理界面

如果当前端口被占用,可修改 Tomcat 服务器端口。打开 Tomcat 安装目录下的 conf 文件夹,选择 server.xml 文件,通过 Connector 节点中的 port 属性进行端口修改,修改后就可访问新端口了。

```
<Connector port="8080"acceptCount="100"connectionTimeout="20000"/>
```

● Port:指定服务器端要创建的端口号,并在这个端口监听来自客户端的请求。默认是 8080。响应的 HTTP 请求就应为:http://localhost:8080/demo。

● acceptCount:指定当所有可以使用的处理请求的线程数都被使用时,可以放到处理队列中的请求数,超过这个数的请求将不予处理。

● connectionTimeout:指定超时的时间数(以毫秒为单位)。

第七步:发布项目。

首先将准备好的 HTML 项目放在 Tomcat 的 webapps 目录下,示例如图 8-14 所示。

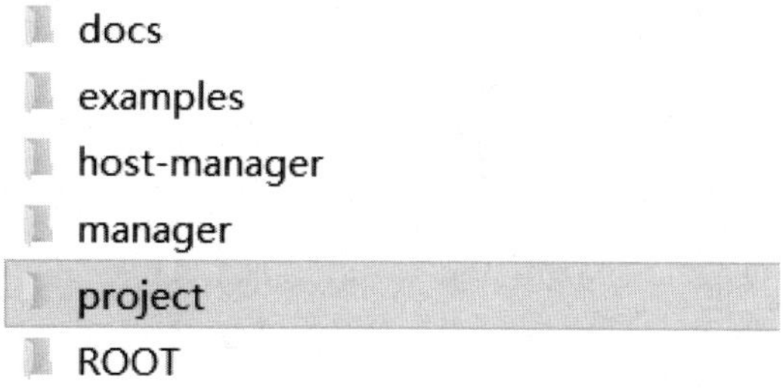

docs
examples
host-manager
manager
project
ROOT

图 8-14　webapps 目录

打开 Tomcat 安装目录下的 conf 文件夹，选择 server.xml 文件，在如图 8-15 所示位置上添加以下内容。

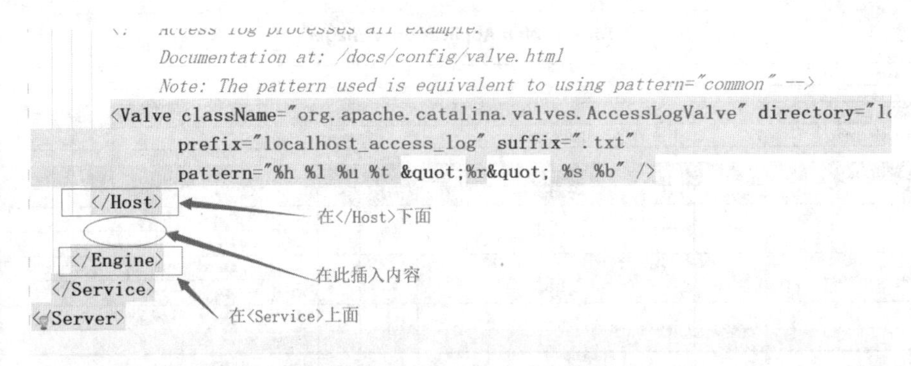

图 8-15 server.xml 文件

```
<Host name="你的 ip 地址" debug="0" appBase="webapps" unpackWARs="true" autoDeploy="true"
 xmlValidation="false" xmlNamespaceAware="false">
<Context path="" docBase="放在 webapps 下 html 文件夹名" debug="0" reloadable ="true"
crossContext="true"/>
<Logger className="org.apache.catalina.logger.FileLogger" directory="logs" prefix="-tot_log."
 suffix=".txt" timestamp="true"/>
</Host>
```

<Context> 元素，它代表了运行在虚拟主机上的单个 web 应用，其属性如下所示。

● docBase：应用程序的路径或者是 WAR 文件存放的路径。

● path：表示此 web 应用程序的 url 的前缀，这样请求的 url 为 http://localhost:8080/pa-th/****。

● reloadable 这个属性非常重要，如果为 true，则 Tomcat 会自动检测应用程序的 /WEB-INF/lib 和 /WEB-INF/classes 目录的变化，自动装载新的应用程序，我们可以在不重启 Tomcat 的情况下改变应用程序样例程序。

配置完成后，打开浏览器，输入 ip:8080/ 放在 webapps 下 html 文件夹名 / 放在 webapps 下 html 文件即可访问。

至此，在 Tomcat 上部署项目已完成。

通过下面四个步骤的操作，实现图 8-2 所示的智慧工厂设备管理模块界面的效果。

第一步：准备数据（模拟数据）。

将设备状态、故障类型分布、设备时段分布数据汇总统计，如表 8-3 所示（设备状态、设备时段分布数据省略）。

表 8-3　故障类型分布

name	value
工厂一	65
工厂二	16
工厂三	30
工厂四	38
工厂五	52

第二步：设备状态模块的制作。

● 导入相关图表包，从 pyecharts 库里导入选项、饼图包等，代码如下。

```
from example.commons import Collector, Faker
from pyecharts import options as opts
from pyecharts.charts import Page, Pie
```

● 创建图表对象进行图表的基础设置。在 add（）方法里添加饼图数据，代码如下。

```
@C.funcs
def pie_base() -> Pie:
    c = (
        Pie()
        .add(
            "",
            data_pair=[("正常", "81.05"),("告警", "14.58"),("离线", "4.37")]
            )
        .set_series_opts(label_opts=opts.LabelOpts(formatter="{b}: {c}"))
    )
    return c
Page().add(*[fn() for fn, _ in C.charts]).render()
```

生成的 HTML 文件如图 8-16 所示，运行 HTML 文件效果如图 8-17 所示。

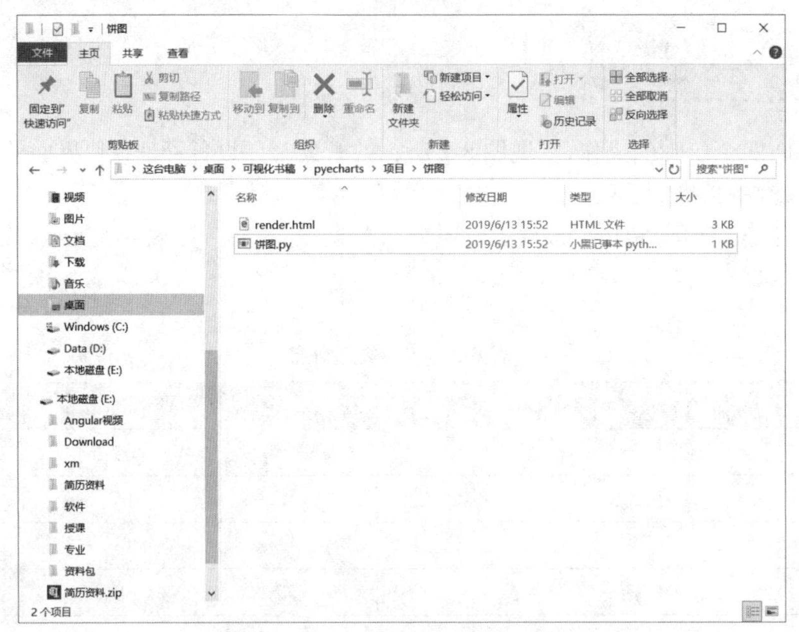

图 8-16　设备管理 HTML 文件

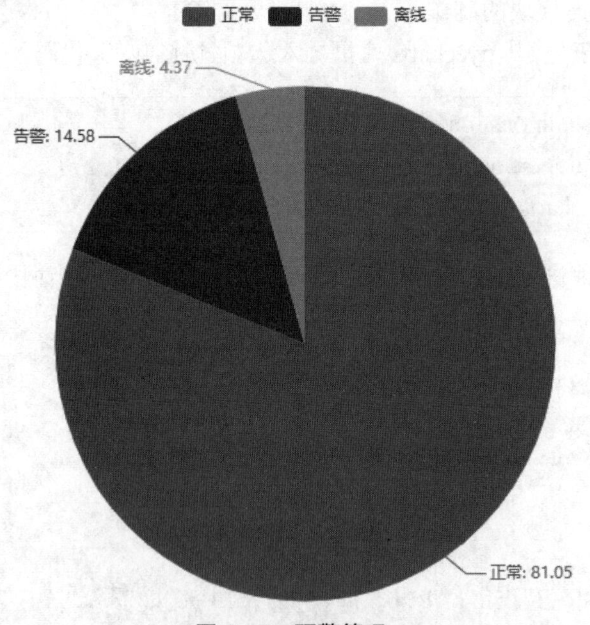

图 8-17　预警管理

● 把生成的 HTML 文件导入项目中。项目中主体界面布局代码如 CORE0801 所示。

代码 CORE0801：

```
<div class="content qqq">
    <div class="main clearfix">
```

```
        <div class="main-left">
          <div class="border-container containertop">
           <!-- 设备状态 -->
          </div>
          <div class="border-container containerbottom" style="width: 213%">
          <!-- 设备时段分布 -->
          </div>
        </div>
        <div class="main-middle" >
         <!-- 故障类型分布 -->
        </div>
      </div>
    </div>
```

● 引入设备管理文件 HTML 代码。修改图表的大小、通过 textStyle 属性修改图表图例文字颜色为白色等。代码如 CORE0802 所示，实现效果图如图 8-18 所示。

代码 CORE0802：

```
 <div id="6ca3acc2a8ec49bebeda68b0ef4c0a84" style="width:350px;
height:300px;"></div>
<script>
  var chart_6ca3acc2a8ec49bebeda68b0ef4c0a84 = echarts.init(
      document.getElementById('6ca3acc2a8ec49bebeda68b0ef4c0a84'), 'white',
 {renderer: 'canvas'});
  var option_6ca3acc2a8ec49bebeda68b0ef4c0a84 = {
    "series": [
      {
        "type": "pie",
        "clockwise": true,
        "data": [
          {
            "name": "\u6b63\u5e38",
            "value": "81.05"
          },
          {
            "name": "\u544a\u8b66",
            "value": "14.58"
          },
```

```
        {
          "name": "\u79bb\u7ebf",
          "value": "4.37"
        }
      ],
      "radius": [
        "0%",
        "50%"
      ],
      "center": [
        "50%",
        "40%"
      ],
      "label": {
        "show": true,
        "position": "top",
        "margin": 8,
        "fontSize": 12,
        "formatter": "{b}: {c}"
      },
      "rippleEffect": {
        "show": true,
        "brushType": "stroke",
        "scale": 2.5,
        "period": 4
      }
    }
  ],
  "legend": [
    {
      "data": [
        "\u6b63\u5e38",
        "\u544a\u8b66",
        "\u79bb\u7ebf"
      ],
      "selected": {},
      textStyle:{
        color:'#fff',
```

```
            fontSize:12,
            fontWeight:'normal'},
          }
        ],
        "tooltip": {
          "show": true,
          "trigger": "item",
          "triggerOn": "mousemove|click",
          "axisPointer": {
            "type": "line"
          },
          "textStyle": {
            "fontSize": 14
          },
          "borderWidth": 0
        }
      };
    chart_6ca3acc2a8ec49bebeda68b0ef4c0a84.setOption(option_6ca3acc2a8ec49bebed-
a68b0ef4c0a84);
    </script>
```

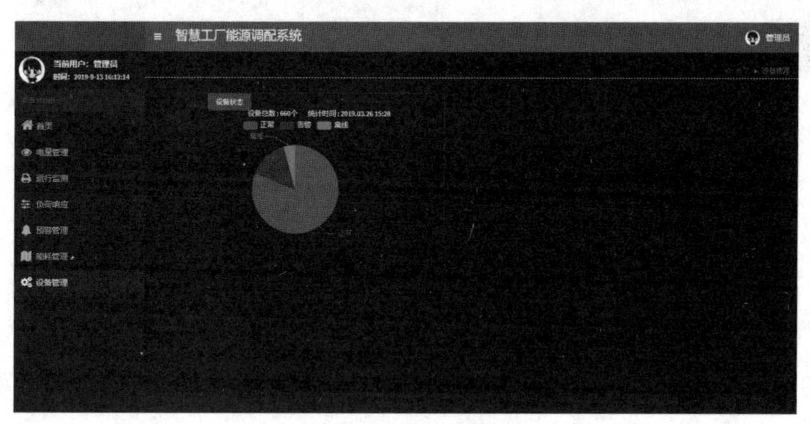

图 8-18　设备管理

第三步：故障类型分布的制作。

● 导入相关图表包，从 pyecharts 库里导入选项、雷达图包等，配置雷达图参数等，代码如下。

```
from example.commons import Collector
from pyecharts import options as opts
```

```
from pyecharts.charts import Page, Radar
import json

f =open('product.json')
res=f.read()
cc=json.loads(res)
print(cc["xaxis"])
C = Collector()

v1 = [[4300, 10000, 28000, 35000, 50000, 19000]]

@C.funcs

def radar_selected_mode() -> Radar:
    c = (
        Radar()
        .add_schema(
            schema=[
                opts.RadarIndicatorItem(name="工厂一", max_=6500),
                opts.RadarIndicatorItem(name="工厂二", max_=16000),
                opts.RadarIndicatorItem(name="工厂三", max_=30000),
                opts.RadarIndicatorItem(name="工厂四", max_=38000),
                opts.RadarIndicatorItem(name="工厂五", max_=52000),
            ]
        )
        .add(" ", cc["xaxis"])
        .set_series_opts(label_opts=opts.LabelOpts(is_show=False))
        .set_global_opts(
            legend_opts=opts.LegendOpts(selected_mode="single")
        )
    )
    return c
Page().add(*[fn() for fn, _ in C.charts]).render()
```

运行生成的 HTML 文件效果如图 8-19 所示。

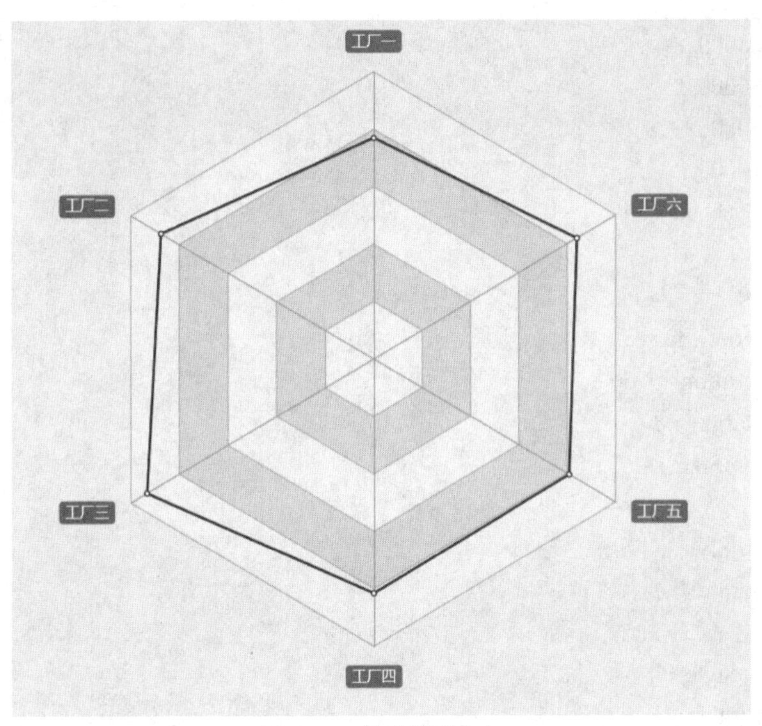

图 8-19　故障类型分布

● 把生成的 HTML 文件导入项目中。引入生成的 HTML 代码，修改图表的大小、通过 textStyle 属性修改图表图例文字颜色为白色等。代码如 CORE0803 所示，实现效果图如图 8-20 所示。

代码 CORE0803：

```
<div id="a02bfb5deb2a4369830bca76ce2eed85" style="width:400px;
height:230px;"></div>
<script>
 var chart_a02bfb5deb2a4369830bca76ce2eed85 = echarts.init(
      document.getElementById('a02bfb5deb2a4369830bca76ce2eed85'), 'white',
{renderer: 'canvas'});
 var option_a02bfb5deb2a4369830bca76ce2eed85 = {
  "series": [
   {
    "type": "radar",
    "name": " ",
    "data": [
     [
      4300,
      10000,
```

```
            28000,
            35000,
            50000,
            19000
          ]
        ],
        "label": {
          "show": false,
          "position": "top",
          "margin": 8,
          "fontSize": 12
        },
        "itemStyle": {
          "normal": {}
        },
        "lineStyle": {
          "width": 1,
          "opacity": 1,
          "curveness": 0,
          "type": "solid"
        },
        "areaStyle": {
          "opacity": 0
        },
        "rippleEffect": {
          "show": true,
          "brushType": "stroke",
          "scale": 2.5,
          "period": 4
        }
      }
    ],
    // 省略部分代码
    }; chart_a02bfb5deb2a4369830bca76ce2eed85.setOption(option_a02bfb5deb2a4369830b-
ca76ce2eed85);
    </script>
```

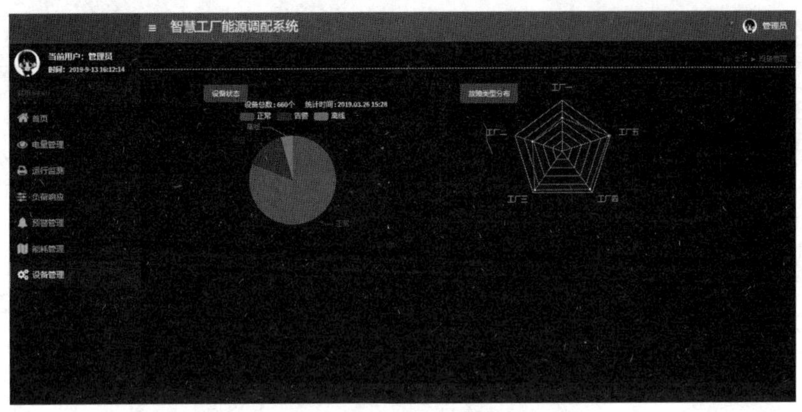

图 8-20　故障类型分布

第四步：设备时段分布模块的制作。

● 导入相关图表包，从 pyecharts 库里导入选项、折线图包等，配置折线图参数等，代码如下。

```
from example.commons import Collector, Faker
from pyecharts import options as opts
from pyecharts.charts import Bar, Grid, Line, Page, Scatter
C = Collector()

@C.funcs
def grid_vertical() -> Grid:

    line = (
        Line()
        .add_xaxis(["6:00", "8:00", "10;00", "12:00", "14:00", "16:00", "18:00"])
        .add_yaxis("工厂一", Faker.values())
        .add_yaxis("工厂二", Faker.values())
         .add_yaxis("工厂三", Faker.values())
         .add_yaxis("工厂四", Faker.values())
         .add_yaxis("工厂五", Faker.values())
        .set_global_opts(
                legend_opts=opts.LegendOpts(pos_top="48%"),
        )
    )
    grid = (
        Grid()
        .add(line, grid_opts=opts.GridOpts(pos_top="60%"))
    )
    return grid
```

```
Page().add(*[fn() for fn, _ in C.charts]).render()
```

运行生成的 HTML 文件效果如图 8-21 所示。

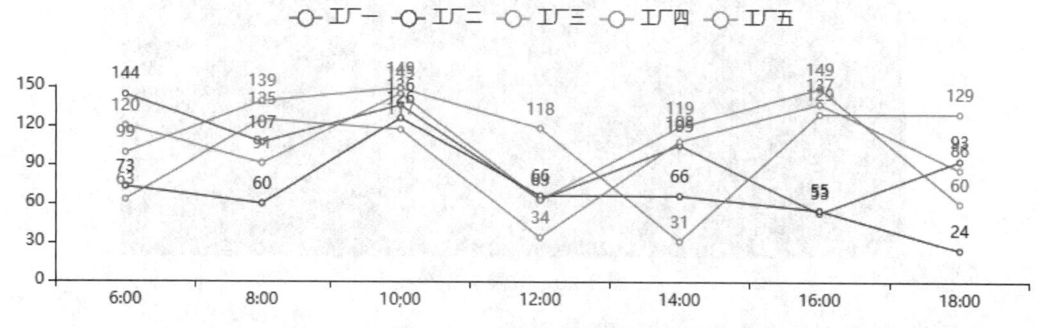

图 8-21 设备时段分布

● 把生成的 HTML 文件导入项目中。引入生成的 HTML 代码，修改图表的大小、通过 textStyle 属性修改图表图例文字颜色为白色等。代码如 CORE0804 所示，实现效果图如图 8-22 所示。

代码 CORE0804：

```
<script>
  var chart_1745128e05bc46b494d0d7e97faf7531 = echarts.init(
        document.getElementById('chart'), 'white', {renderer: 'canvas'});
  var option_1745128e05bc46b494d0d7e97faf7531 = {
  // 省略部分代码
    "tooltip": {
      "show": true,
      "trigger": "item",
      "triggerOn": "mousemove|click",
      "axisPointer": {
        "type": "line"
      },
      "textStyle": {
        "fontSize": 14
      },
      "borderWidth": 0
    },
    "yAxis": [
      {
        "show": true,
        "scale": false,
        "nameLocation": "end",
```

```
            "nameGap": 15,
            "gridIndex": 0,
            "inverse": false,
            "offset": 0,
            "splitNumber": 5,
            "minInterval": 0,
            axisLine:{
              lineStyle:{
                color:'#fff',
              }
            },
            "splitLine": {
              "show": false,
              "lineStyle": {
                "width": 1,
                "opacity": 1,
                "curveness": 0,
                "type": "solid",
              }
            }
          }
        ],


        ]
      };
      chart_1745128e05bc46b494d0d7e97faf7531.setOption(option_1745128e05bc46b494d0d-
7e97faf7531);
    </script>
```

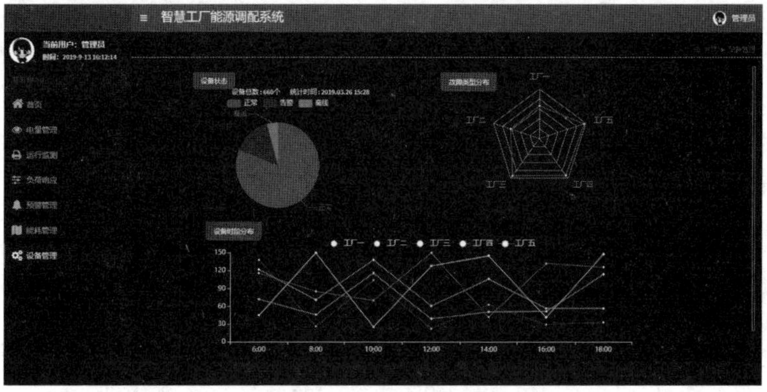

图 8-22　故障时段分布

至此智慧工厂设备管理模块界面制作完成。

本项目通过对智慧工厂设备管理模块的学习，对组合图、热力图数据特点具有初步了解，掌握使用 pyecharts 绘制组合图的相关配置选项，具有使用 Tomcat 部署及发布项目的能力，为后期项目上线打下良好基础。

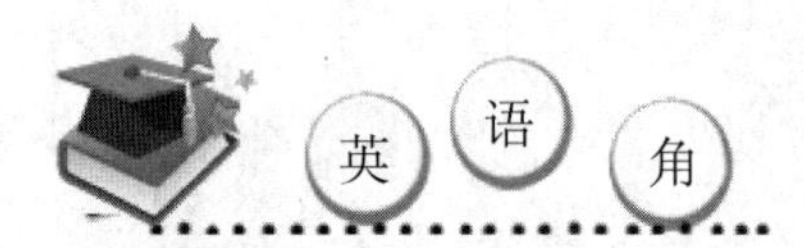

context	上下文	faker	骗子
reloadable	可写	release	发布
connectionTimeout	连接超时时间	validation	验证
timeline	时间轴	temp	临时

一、选择题

1.（　　）用于设置坐标轴类型。

A. axis_type　　B. orient　　C. play_interval　　D. is_auto_play

2. is_timeline_show 用于设置（　　）。

A. 表示播放的速度　　B. 是否自动播放

C. 是否显示 timeline 组件　　D. 是否循环播放

3. 下载完成的 Tomcat 下的 work 目录是用来（　　）。

A. 存放 Tomcat 运行的临时文件　　B. 存放 jsp 编译后产生的 class 文件

C. 存放 Tomcat 执行时的 LOG 文件　　D. Tomcat 的主要 Web 发布目录

4. 进入 Tomcat 安装目录下的 bin 文件夹，双击（　　）文件，启动 Tomcat。

A. startdown.bat　　B. startup.bat　　C. startdown.sh　　D. startup.sh

5.（　　）指定服务器端要创建的端口号，并在这个端口监听来自客户端的请求。

A. Port　　B. acceptCount

C. connectionTimeout　　D. webapps

二、填空题

1. pyecharts 组合图根据以上两种叠加方式可以分为并行多图（Grid）、__________和__________三种类型。

2. 组合图包括图形组合和__________两种。

3.__________表示时间轴的类型。可选：'horizontal'（水平）；'vertical'（垂直）。

4.Tomcat 服务器是__________公司出品的优秀的开源 web 服务器。

5. 首先下载 jdk 进行安装，然后进行环境配置，最后打开命令窗口，输入__________，如若出现版本号即代表安装成功。

三、上机题

要求：使用以上所学知识点在 tableau 平台上发布项目二技能点二图表。

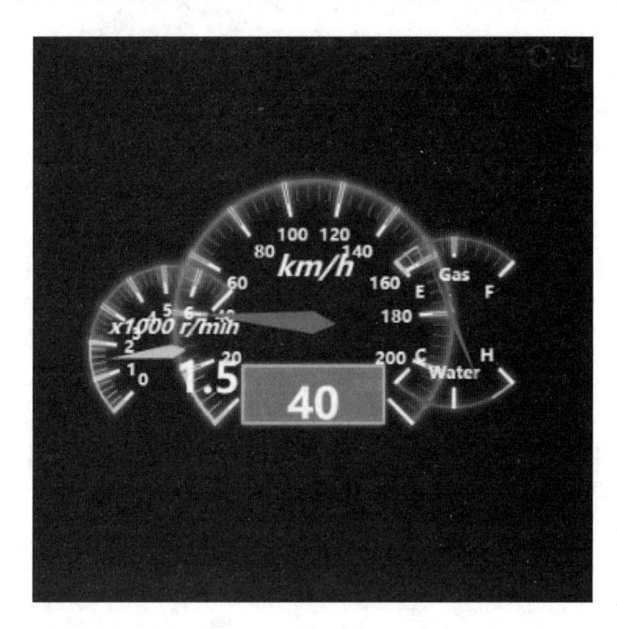